人のつくった森

明治神宮の森〔永遠の杜〕造成の記録

上原敬二著

明治神宮社殿全景（遷宮記念絵葉書）

表参道から明治神宮につづく緑(明治神宮提供)

1920 年 明治神宮創建当時の表参道 左手に石垣(既存)が見える

うっそうと茂る明治神宮の森

明治神宮　菖蒲園

明治神宮境内図（明治神宮鎮座記念絵葉書）

南参道御橋・御苑の菖蒲（明治神宮鎮座記念絵葉書）

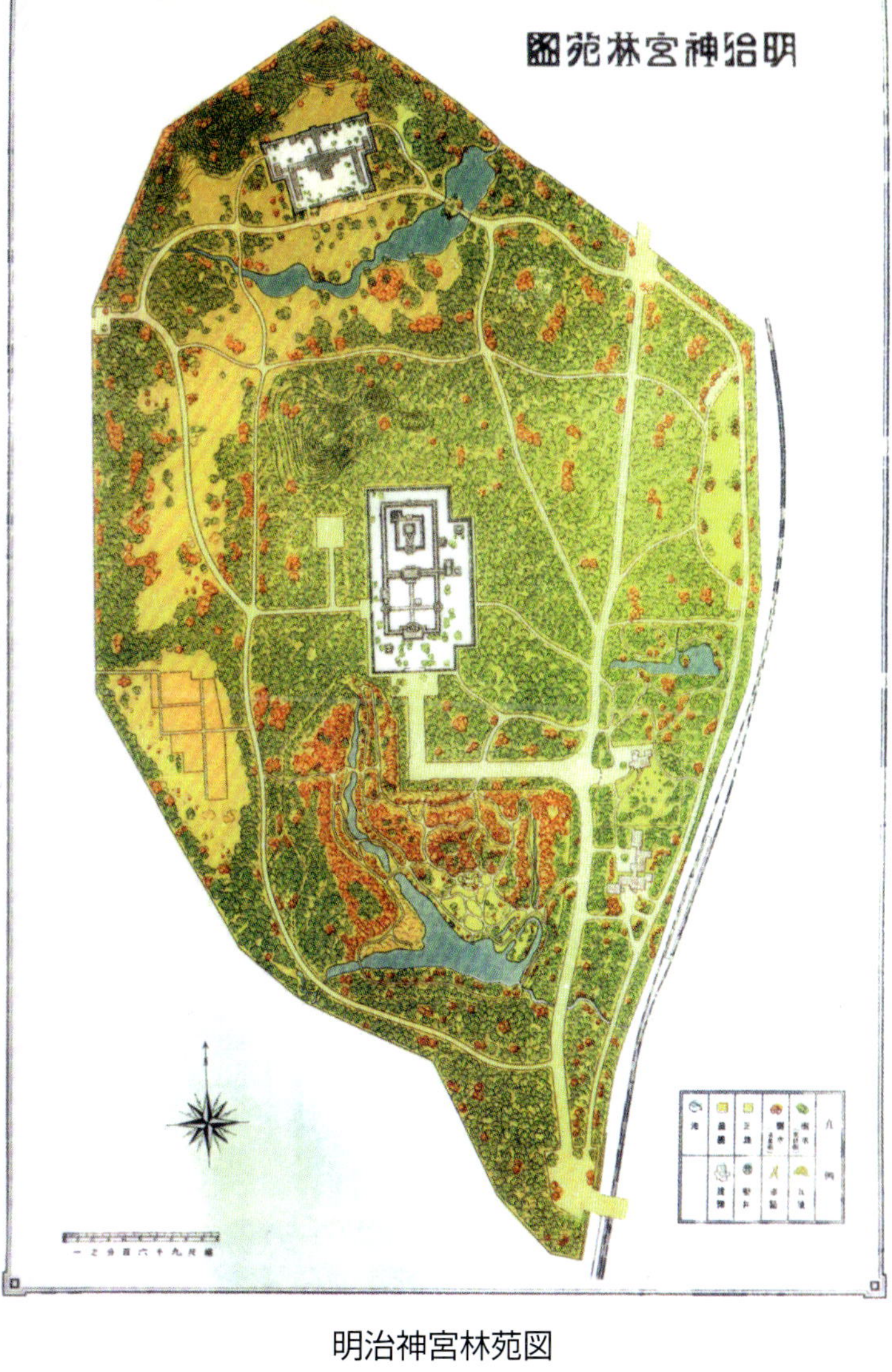

明治神宮林苑図

東京農業大学名誉教授・林学博士 上原 敬二（1889–1981）

撮影　姉崎一馬

まえがき

明治神宮が代々木の杜《もり》に神鎮まりまし、盛大な鎮座祭の行なわれたのは大正九年（一九二〇）十一月三日であり、昭和四十五年（一九七〇）はそれから五十年に当る、五十年記念事業の計画も実施されている。境内の植栽は早くから行なわれ、筆者が最初に手がけたものから起算すると、昭和四十六年（一九七一）で五十六年となる。こうしてできた樹林は筆者にとっては半世の活きた記念物である、そこで境内造成の記録を公表し、真相を伝え、真実を後世に残すことは施工に直面した筆者の責務であると考え、併せて黎明期における日本造園界の片影を語る資料ともなると信ずる。

昭和四十六年（一九七一）五月

上原敬二

本書について

現在、都市の環境悪化は、急速に進み、国土全体の自然破壊傾向と共に、我々人間の生存をおびやかすまでになっている。そのことは、また最近活発化してきた市民運動や学生運動が「自然を返せ！」「都市に緑を！」と叫び、環境問題が、政治的にも経済的にも最重要課題として、登場して来たことを象徴する。我々人間は、自然＝みどり無くして一日たりとも生きられない。そのためにも、自然は保護されるだけでなく、創り出さなければならない。本書は、明治神宮とその森の造成に尽した造園学科前科長林博上原敬二氏の追憶であるが、ここには我々人間に依る自然＝緑の創造の可能性と知恵が述べられ、今後近代造園学が追求しなければならない幾つかの課題を示唆してくれる。

（昭和四十六年　東京農業大学造園学科長教授農博　江山正美）

序　神宮の杜

明治神宮の杜は、日本人ならば一度は参拝して知っているはずの森林。その幽邃《ゆうすい》、森厳さにおいて、伊勢神宮と伯仲といっても過言ではない。しかしこれは人の手によってつくられた人工の森なのである。そう古いことではない、わずかに六〇年余の昔（注・一九七九年の記述）に着手されたもの。その頃は何の変哲もない草原であり、所々にスギ、マツの小並木、植込のあったところ。しかも垣は破れて出入自在、夏は近所の子供の遊び場であった。今の境内地の一部は練兵場、馬蹄と砲車のわだちでコチコチに踏みかためられた赤土の裸土。そこにこんな美しい樹林ができようとは、およそ想像もつかない昔話の一こまである。年月の経過はおそろしいものである。

この森に接する人は、庭園や公園を見るつもりでいてはならない。半坪、一坪の狭い区域にも、造成当時の遠大な計画が、思いのままに実を結んでいるのである。材料である樹木は、全国（戦前の日本領地を含む）津々浦々からの献木十一万余本で、代償を払って買った樹は一本もない。国民赤誠の結晶である。そこには台湾の樹と樺太の産とが肩を接して植え並べたところもあった。しかし誠意を認めたにしても、こうした自然律に反することは永続きするものではない。庭園ではないのであり、いっさいを自然にまかせた天然林化が目標とされていたからである。

境内林造成の当時、目標すなわち理想とすべき樹林の未来像をどこにおくか、これには専門学者の間でも多少の異論はあった。献木者を含めた多数の民衆の間でも、素人論がかなり幅をきかせていたもの。しかし、設計に当面していた筆者たち当事者の間では、確固不抜の信念があった。これが今日の完全な林況を招いた大きな原因でもあり、基礎でもあった。その林況というのは左のとおりである。

一、人力を加えず、永年生育を続けること。
二、一度完成したのちは永久不変に続く。
三、その理想形に達するまでの中間形、過程の林相はいっさい無視する。
四、それでいて神社にふさわしい風致を伴うべきもの。

こう考えてくれれば、代々木という土地を対象とした原生林でなければならない。庭園や公園のように管理・手入れのできるような小面積ではないし、保護として要する費用など支出できるはずもない。人手のかかることはいっさい避けたい。

さて、それならば東京地方の原生林は何かということになる。カシ、シイ、クスノキの三種を中心とする常緑広葉樹で、副木としてなお多くの常緑樹の加わったもの、これが学界の定説とされる原生林である。このうちクスノキには幼時少し寒すぎるという難点があり、幼時の仕立てに費用を要するとの異議も我々のグループに現われた。一時はカシ、シイ両種本位にもなりかけたが、筆者はむしろクスノキ説を固執した。幼時経費のかかるのは知れたもの、霜除だけ、むしろ気候が少し寒に過ぎるくらいの方が将来は生育がよいものであるとして、クスノキ本位を主張して譲らなかった。幸いにもこの主張は容れられたが、苗木一本ごとにの、簡単ながら霜除はそう軽い労作ではなかった。庭師に交じって筆者自身も多数のクスノキに霜除をしたのだが、その樹は六〇年後（注・一九七九年記述）の今でも覚えているが、両手でかかえきれない太さに生長している。これに接するたびに思い出が湧き上ってくる。

ところが原生林にも欠点はある。第一は面積で相当広い区域でなければ成功しないとされているが、神宮三〇万坪は少なくないか、原生林樹種は入手が困難ではないか。ところが、意外にも専売公社の厚意でクス苗は幾らでも手に入ることとなって一安心。次に原生林風景は単調であり、庭園のように変化がない。神社には参拝が目的だといっても、何か風致的な景観は欲しいもの。ところが幸いなことに、神宮には面積の五分の一ではあったがマツ、スギその他の高木があった。そのうちマツ、モミ、スギの三種は永遠の生命は望めない。枯れてもよい、むしろ枯れるのは当然、しかし生きている間だけでも原生林に混生してその樹梢によって風致を添えてくれれば拾いもの、枯れるまで利用できると一安心したものである。こうしたことは、具体的に形をなしたものにまとめなければ我も人も承知しない、というので森林の植付から成林までを三段階とし、五〇年後、一〇〇年後、一五〇年後の想像図を描いたもの。（巻末図参照）さてこれを六〇年後の今日（注・一九七九年記述）の実際と照合して見るといかがであろうか。モミは絶滅、スギは絶滅寸前、マツはまだ余命あり、理想案では枯れ尽すはずのものが、一部分残っているということになる。

これが当時の新聞に出た。私見によれば、半分は賛成、半分は反対という傾向と思われた。反対のなかには、原生林反対、それよりも明治時代を懐想するにふさわしい美しい庭園や大芝生をもってして神慮を慰めてこそ明治時代を代表する神社相応の森ではないかとか、参拝者が退屈するような森が何で国民一般の期待に添うといえるかとか、庭園化・公園化を望む声が民衆の間で起った。管理の費用とか、その機構、維持の経費などにおかまいなしの素人論などは一々聞いてはいられない。こちらは充分な信念で対処しているつもりであった。困ったのは、当時の総理大臣大隈侯爵までが反対であると、筆者の上司である大学教授（注・本多静六博士）から聞かされたとき。侯爵はその前に社殿の配置に異説を立てて改めさせた人、その説は原生林でなく、全域を伊勢神宮式にスギの巨木で埋め、森厳幽玄な日本独特の神社林を現出すべしというもの。大臣は大言壮語で人を煙にまいて平気な性格、教授もなかなか口では負けない頑固もの。部下であった我々は、手をたたいてこの成行を面白いと思っていたが、いつかこちらのお倉に火がついた。解決策を言いつかったからである。これについても、興味ある話が残っている。（本文参照）

とにかく杉林説は中止となった。我々の信念は強かった。もし前記の素人論や杉林説が行われていたとしたら、今日どういう状態を呈しているであろうか、思い出すだけでも身の毛がよだつ気持をかくせない。

明治神宮については記したいことが多い。二〇代の三年間、祭日も休日もなく常人の三倍は働いた。病気にもなったが病気しているひまもないほど忙しく、よくも続いたものと今日思い出す。それだけに努力の効果は現われて、今の杜となった。

しかもそれが今日の緑化の規準とされかかっている。神社なるがゆえにかくも残ったのであり、公園ならばはるか昔に壊滅し去ったと思う。今さら神社思想を徳としている次第である。

（上原敬二『談話室の造園学』、技報堂出版、一九七九、一二三 - 一二六）

※改訂にあたり、記録としての「人のつくった森」の一冊をまとめるにいたる上原敬二先生の思いが凝縮された小文「神宮の杜」を、一九七九年に出版された『談話室の造園学』から再録させていただいた。この文章により、読者による本書の全体像理解がより明快になることを考え「序」として増補挿入した。

（編集子）

目　次

(一) 神宮鎮座まで

明治四十五年（一九一二）七月、天皇ご不豫（ふよ＝ご病気）の報は新聞紙上に伝えられ、引きつづき次第にご悩重らせられる（ご病気が重い）との報を得て身も世もあらず、ご平癒（へいゆ＝快復）を祈る人たちは宮城前に毎日数を増し、炎天のもと敷砂のうえに伏して昼となく、夜となくひたすらご回癒を祈願したものであった。しかしかかる悲願も天に通じなかったか、終に七月三十日は崩御（ほうぎょ＝死去）という悲報を迎えるの日とはなった。

国民大衆の哀しみは想像に余るものがあった、けれどもいつまでも悲しんではいられない、そこで期せずして国民の頭に去来したことは天皇の英霊を奉祀（ほうし＝おまつり）して神宮を建設しょうという意欲であり、その熱望の大きさは日とともに増していった。手続を踏んだ要所への請願は次第に増加していった。このことは神去りましてのち半年も経つか、経たぬかのうちに貴族院・衆議院の両議院が政府に対し奉祀の協賛を求める建議を行なったことでもわかる。

引きつづき各地から続々と神宮建設候補地として採用方請願や陳情が申出でられ

ること四十件の多きに達したのである。それら申請の予定地を見るに東京府では青山練兵場、代々木御料地（現在の位置）・戸山学校敷地、御嶽山（青梅町）、東京府以外で最も請願の多かったのが富士山（静岡県）ついで筑波山、国見山（以上、茨城県）宝登山、城峯山、朝日山（以上、埼玉県）箱根離宮附近（神奈川県）、国府台（千葉県）などであった。

政府はこれらに応えて御一年祭終了ののち、直ちに神宮創建の準備にかかり、まず調査機関として委員会を設け、その決議により神社奉祀調査会を発足せしめることとした。この調査会は勅令二〇八号で大正二年（一九一三）十二月二十日官制が公布された、これは実施機関である造営局官制が発せられるまでの暫定機関であり、会長は内務大臣とし、委員制度であった。奉祀に関する大半の要件はこの会で決定された。鎮座地、祭神、社名、社格、例祭日、神宝、宝物殿、境内、外苑等の決定である。

この時、委員に任命された人で境内造成に関係ある人といえば、まず建築では神社建築の第一人者といわれた東大教授伊東忠太、関野貞《ただす》の両工学博士、園芸方面では宮内省から福羽逸人《はやと》子爵（以上発令、大正三、四、六）。樹林、樹木の側では東大教授川瀬善太郎、本多静六の両林学博士（同、大正三、六、一二）。事務嘱託として少しおくれたが建築では東大助教授、構造学の佐野利器工学博士（同、大正三、七、二五）、神社建築では地方技師大江新太郎氏（同、大正三、一一、二七）。園芸では東大教授原熙《ひろし》農学博士（同、大正四、一、一七）であった。まさに多士済々というべき陣容であった。

調査会は後記のようにわずか一年半未満の間に重要案件を議決したが、そのうちの鎮座地決定の経過については説明を要する。はじめ東京府内の土地と決定したが、国府台（千葉県）を含め上記各地は実際に踏査された。各地はそれぞれ短所、長所あり、最も有力な候補地は代々木御料地で皇室との縁故、地況などほぼ満点なのでここに決定した。周辺の地については多少の不満は残されていた。ここは正式には南豊島御料地と称した、俗には代々木御料地、当時府下北多摩郡代々幡村大字代々木、宮内大臣から御料地の全期限永久使用を許された。それは大正三年（一九一四）四月二日である。

この土地は昔は民地であったものが、熊本藩主加藤忠広の手に入ってその下屋敷となった。この関係で加藤清正に縁故つけるものがこの地にあった。清正の井戸、清正の虎斑竹、清正の腰掛石などである。しかし清正が江戸へ出府したことは歴史家が否定しているのでこれらは一つの伝説に過ぎず、名称だけのものであるとされる。

寛永十七年（一六四〇）、徳川家光はこの土地を彦根藩主井伊直孝に与えた。同家に伝わる図面によると面積一八二、三四二坪（約六十ha）周囲に松並木があったという。明治六年（一八七三）上地（じょうち＝返納）し、さらに請うて払下げをうけたが明治十七年（一八八四）宮内省はこれを購入し御料地とした。『明治神宮造営誌』によると総面積二一六、三九九坪（約七十二ha）このうち御苑の部分四六、八五二坪（約一五、五ha）は世伝御料地であった。これが鎮座当時の面積、のち代々木練兵場の一部、陸軍用地との交換などもあった。

この代々木御苑は現在の状態とは地割《じわり》は変っていないが、いっそう幽邃《ゆうすい》であり、池沼、自然風の雑木林あり、ここに明治天皇は唯一回明治十九年（一八八六）六月行幸があった。しかし英照皇太后は三回、昭憲皇太后は皇后時代に九回も行啓があり、この風致を楽しまれたもの、これらはいずれもこの地が鎮座地と決定する上の有力な由縁の事実となったのである。

筆者が境内造成に関係をもったのはまだ東京大学在学中の学生時代であった。調査会委員となった本多教授は発令以前から内命があったとして、この御料地を借用していた旧博覧会事務局の手を煩わしてこの図面を手に入れ、大正三年（一九一四）

の春季から境内設計の腹案を練っていた。当時大学三年生であった筆者は度々呼び出されて、その設計の手伝いをさせられたものである。この当時大学講師であった本郷高徳氏（後年著者の退職した前年大正六、九、一二五造営局技師に任官している）は、筆者ほどではないにしても同様出席を求められて助言を請われていた。本多教授の大言壮語は当時でも著名なもの、理想案と称して現場にこだわることなく、路線をやみくもに引きまわし、独自の設計図を作成していた。それを現場に即するよう本郷講師の意見をもとに修正しながら図の修正を行なうのが筆者の仕事であった。いわばわれわれ二人の合作に教授の理想を加えての案であるが、それを鵜のみにして自分のものとする教授の腹も大きいが、時に一夜明けると根本からやり直しを命ぜられたのにはいささか弱ったものである。

筆者が大学を卒業したのは大正三年（一九一四）七月（当時の学制は農科大学は修業三年制、入学は九月、卒業は七月上旬であった）翌四年（一九一五）三月には造神宮使庁（伊勢神宮）及び内務省（神社局）の予算で嘱託として正式に境内設計に関係した。五月一日には別項に示すような造営局官制が公布され、判任官技手に任官し、同七年（一九一八）五月退官して大学に戻るまでの期間境内造成事業に終始していた。鎮座祭の行なわれた大正九年（一九二〇）一一月三日はアメリカに留学していて、新聞紙上のニュースを読みながら太平洋岸からはるかに故国の神社の竣工、鎮座の盛典を偲び、完成した神社林の威容を想像していたのであった。

（二）境内林造成の大綱──永遠の杜《もり》

神社境内の樹林はどのように仕上げるべきものであるか、これは造園上の大本であり、百年、千年の大計ともいえる。境内は公園ではない、庭園でもない、もちろん遊園地であってはならないし、林業地であるはずもない。一部分にはそれらに近いものはあるにしても全体としては独自の神社林形態というべきものが存在するはずである。明治神宮境内といえどもこの例外であるはずはなく、むしろこの方針を完全に、忠実に守るべきものである。境内における路網、広場などの設計とはまた別のもの、日本独特の神社境内という造園計画がここに実現しようという絶好の機会なのである。

あえて衆智を求める必要はない、この大綱は厳として一つよりほかにはない、それはここに「永遠の杜」を現わせばよいので、その手段如何にかかっている。

この方針の徹底、手段の完壁を期するために何回となく東京大学林学教室において関係者の協議を開いたものである。その内容、結論は言葉でいえば簡単であるが実行は容易ではない。

境内は庭園的領域を除き、樹林区とすべきものについてはこれを構成木と風致木とに分ける。構成木は大部分を占める、それは過去においてこの地方に存在し、この地方の植生を支配した原始林状態をなすべきものである。

何年かかってもよいからこの状態に導かれるまで植栽を行なう。一度この状態に達すればあとは人手を加えなくても永久にこの林相が維持されるものとする。すなわち陰樹であるカシ、シイ、クスの類をまず主木とし、それに大小、各種の常緑広葉樹を混植する。これらのうち手数のかかるものはクスであるが、終にそれにも成功した（後述）。この頃は今日いうところの意味の公害はまだ認識してはいなかったが、都市の空気に強いものという条件は十分に考えていた。すなわちイヌツゲ、クロガネモチ、サンゴジュ、トベラ、ネズミモチ、マサキ、モチノキの類である。庭木としてきわめて高価なモクセイ、モッコクの類でも適確ではあるが経費の関係上避けざるを得ない。また神社の性質、本質上外国産のものは外苑ならばともかく、この境内には除きたい。要するに常緑広葉樹ならば原則として何でもよい、ということに意見は一致した。

構成木だけで広大な区域を占めるのであるから、いかにも全景は単調であり、殺風景となる。よってそこに形と色との変化を与える必要があった。方針に矛盾しないかぎりこうした樹木も必要とされた。それが風致木である。

その一つ、まず形態からいうところの形の風致木。これは常緑樹林から梢頭（しょうとう＝こずえのさき）を抽き出すもので、上木の位置に立つ樹木である。ただし原則として将来は常緑樹の方が優位に立ち、これらは枯れるかもしれない。枯れることを予想しているが枯れるまでの風致である。一ha当り三十本もあれば十分と考えた。これに選ばれたものはクロマツ、ヒノキ、サワラ、コウヤマキの類である。これらは当初の予定としては五十年も保ってくれればよいと考えたのだが、すでに五十年を経た現在（昭和四十五年・一九七〇）においてもなお多数が残り、しかも生育は衰えていないものもある。

第二は色彩の上の風致木。神社林に華美な色調を導入することは禁物であり、そこで枝葉による色彩の変化を求めて落葉喬木が選ばれた。例えばイチョウ、エノキ、カエデ類、ケヤキ、シデ、ムクノキの類である。これらは常緑樹と共存しうることは前記の針葉樹より強い性質だが、それさえも常緑樹のために枯死に導かれてもさしつかえない。常緑樹以上に永存するとは思われないが梢頭の色彩美においてはたしかに成功である。初めに植えつけた小木は今日目通り周（地上一・二〇㎝の幹周）一m以上にも達し、生育は旺盛である。これも本数として一ha三十本内外で十分であるとして、植栽案を練ったものである。

以上が理想とする樹林本来の姿である。陰樹（いんじゅ＝日陰によく育つ樹木）は一度植えつけたのち生育が進み結実した場合、種実が落下し自生苗を生じてもこれらは樹下庇陰の地でよく生育しうる。これが生長して将来母樹の後継樹となるから樹林状態が永久に変らないのである。地上に日射をあてず、風の吹き入ることもないので地力を維持し、落葉は肥料となり、生育は衰えない。天然にあっては山崩れ、盗伐という脅威はあるが神宮にあってはこうした心配はない。「永遠の杜」はここに完成するはずである。口頭で述べただけでは不十分であろう。植栽しても現地に行かなければ見られない。そこで成立を将来に期待する樹林について五十年後、一〇〇年後、一五〇年後の三段階に分け変化の道程を示す想像図を作成して当局に提出しておいた。

当時当局の方針として発表したことは次のとおりであった。

第一代の森は一時的仮設のものであり、現在の樹木を全部利用し、献木のなかでも大きいマツを用いて外観上大なるマツが所々に亭々（ていてい＝高くまっすぐ）と聳《そび》えている森とする。

第二代はマツ以外の針葉樹たるヒノキ、モミの類で前者が六七間乃至十二三間（十二～二四ｍ位）の高さであるに対しこれは四五間（七～九ｍ位）のものをその下へ二段に植える。

第三代はカシ、シイ、クスの常緑闊葉樹で其幹長二三間位（四～六ｍ位）のものを第三段に植え、さらに第四段には闊葉樹の極めて小さい幹長三尺乃至六尺（一～二ｍ位）の物を植える。

以上文章の意味は少し理解しにくいが前段に述べた主旨を熟読されれば了解がつくと考える。今日筆者の手許には前記想像図は残っていないが頭のなかには明確にやきつけられている。そのうち五十年後の図と今日の現実との間の対照を求めることは筆者にとって特に興味が深い。要するに予想図は当っていなかった、五十年後の図は七十五年後の図とさしかえてもよい、それだけ生育がよかったということの結論に達するからである。

この植栽形式は当時新聞紙上に発表され、またわれわれの側の専門雑誌にも載せられた、一般世間からの反響もあった、非難、批判もあった、或は新しい提案もあった。後に述べる当時の大隈重信内務大臣の説もその一つである。しかし直接施業に当面しているわれわれ林苑関係のものは強い信念としてこの方針を強行することを誓ったものである。真理は一つしかない、そこには十分な科学的根拠によって裏づけされている力強さがあった。

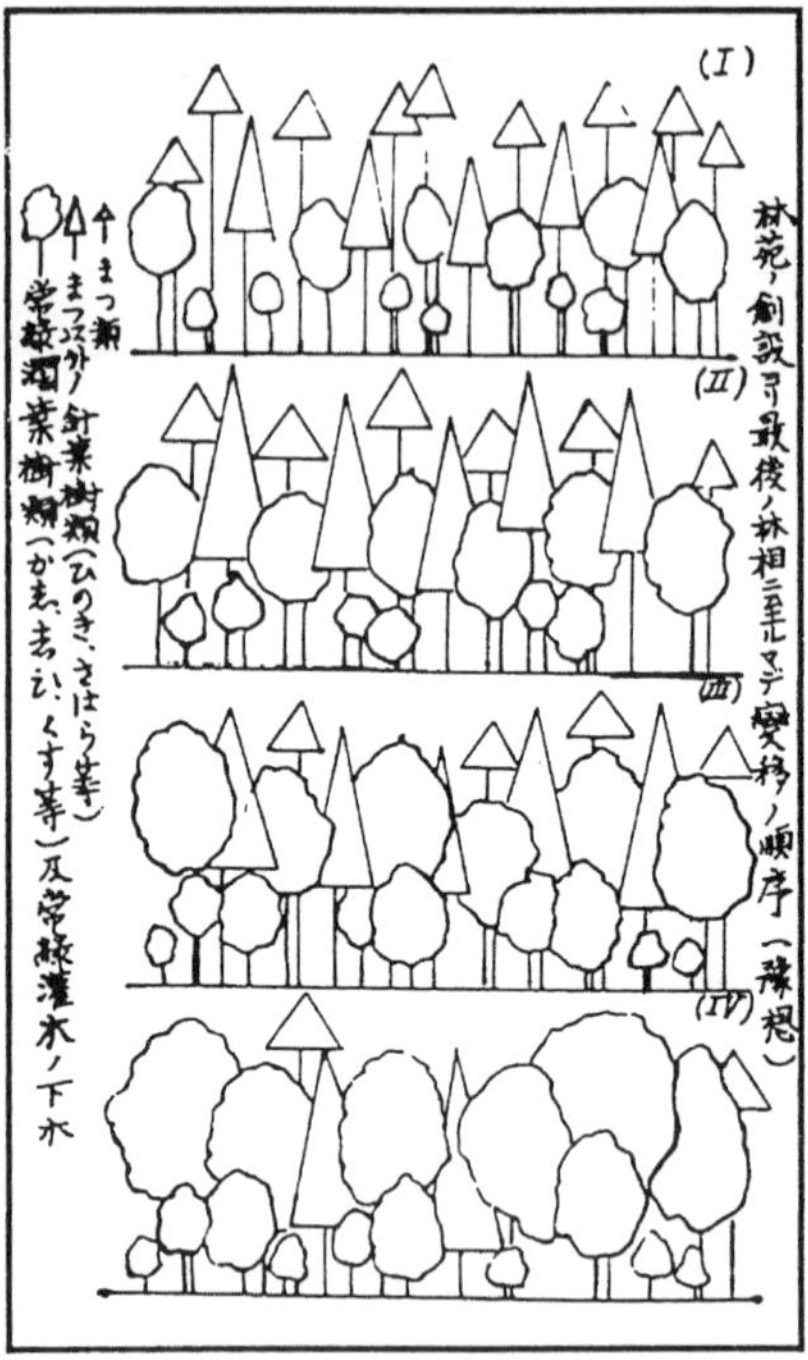

「永遠の杜」予想図
『明治神宮境内林苑計画』（明治神宮造営局技師・本郷高徳、大正10年・一九二一）

当時力強い一つの助言があったのは忘れられない。その頃筆者は陵墓に大きな研究意欲があり、しばしば宮内省山口諸陵寮頭に面接していた。この山口博士は物理学者で学習院から転じて寮頭となった人である。樹林に対して多くの興味を持たれ、日本庭園協会の会合にもよく出席されていた。寮頭は地方の陵墓を視察され、陵墓林と陵墓監の人柄との間に一つの因果関係があることに注目されたのである。

　陵墓監というのは割合に閑職であり、甲という人は朝から碁や謡曲を楽しみ、管理すべき陵墓林には、いっこう無頓着であったという。通路に落ちた枯葉をわきに掃きよせる程度で林内など全くの放任状態である。乙という人の方は職に忠実、俗にいうキレイ好きである。林内は清掃して落葉一つ残さず、掃いてなめたような美しさ、すべて焼きすてて庭以上の美しさを保たしめていた。さてその現状を見るに、甲の方の樹林は実に見事な生育であるに反し、乙の方は生育きわめて不良、樹木の下枝はあがり、枝数は少なく、活力にとぼしく、なかには枯れかかった樹木もあったという。こうした動かすことのできない事実を取り上げて、本多教授と筆者との同席を求め、完成後の神宮境内林の取り扱い方法として言を改め、樹林のなかには絶対に人を入れないこと、落葉を掃いたり、集めたりしないこと、もちろんそれを焼きすてることなく、適当に自然らしく樹下に溜めておくこと、これらを実行されたいと、むしろ懇請の態度であった。われわれもこれには同意した次第である。

　さらに一つの挿話がある。それは調査会時代のことである、この会は官制により会長は内務大臣と定められ、大隈重信侯爵がそれに当っていた頃の話。会長は神宮

伊勢神宮参道の杉の大木

の杜がカシ、シイの如き雑木である点に不満の意をもっていた——当時これと同じような不満の人は他にもいたことと思う——もっと森厳、幽邃の森にはできないものか例えば、伊勢神宮とか、日光の山内、杉並木のような雄大で荘厳な景観が望ましい、藪のような雑木林ではどうも神社らしくないと洩らされていたという。樹林のことを専門としない人としてはありそうな意見である。われわれは何も広大な境内のすべてを藪にしようというのではなく、これらの意見は群盲が象を評するものとして歯牙にもかけないが、大臣の言としてはいささか困ると思っていた。

こうした意見をおせっかいにも取りつぐ忠臣づらの官僚がいた。これには林苑側の代表である本多教授が矢おもてに立たされた。

教授の話によれば侯爵とも対談したという。その時、神宮の土地にはスギは適さないこと、常緑樹林は藪でも雑木でもないこと、変化を見せる風致木も加えること、このような常緑樹林でなければ、代々木の杜の樹林を永久に持続し得ないことを十分に説明したのだが大臣は聞き入れなかったという。そして土地が不良、不適ならば土を入れかえる、現に境内には杉並木もあり、清正井戸近くには一かかえのスギの大木も生じているではないか。スギ林のできないわけはないと反問されたという。（この時教授は筆者に大臣はスギの大木など直接に見ているはずはなく、誰かに入れ知恵されたのであろうといった）これに対し教授はスギ林はあるにはある、しかし生育がよくない、また清正井戸の近くの大木は根元から清水が湧き出している、スギはかかる場所を最も好む性質であり、それ故に大木になったものである。一般にいうべき状態ではなく、特殊な事例、例外ともいうべきものであることを説明したが、それでも侯爵は首を縦にふらなかったという。（この時筆者は教授にいった、「先生は大臣がその大木を見ていないのに大木例を引いたと思ったとき、何故大臣はあのスギを見て如何に思われるか、大木ではあるがこれこれ違うといって実際に見ていなかったことを問いつめればよかったのに反対に大木を誉めたのはまずかったですね」これには教授も頭をなであげそのとおりだと肯定した）

さらに大臣は反撃した、未知のものを植えよというのではない、現に存在しているスギが手本である。そのスギに二つとはないはず、よく育つように工夫し、仮に日光のものほど森厳でなくてもよいが、とにかくできるだけ培養の方法を講じ、不可能を可能にするのが学問の研究ではないか、といってむしろ懇請されたという。

教授もかなり口達者の方だが、有名な大臣の長広舌（ちょうこうぜつ＝長々としゃべること）には太刀打ちできない。教授は侯爵の頑固には困ったようで、主張するだけは主張したのだが何とかよい方便はなかろうかと筆者に相談をかけられた。平素このようなこと、弱音を吐くことなどない本多教授のことなので、真実困ったらしい。筆者にいわせれば教授も言葉をにごして何本かスギを植えますといえばよかったろうと思う。侯爵もむきになっていうほどのことでもないし、言い出して引きこみがつかなくなった感じである。しかし、言われて見れば何とか結末をつけなければならない。そこで筆者の頭にふと浮んだことは樹幹解析法である。これは林学を習んだ人ならば誰でも知っている方法、今日代々木にあるスギの壮木何本かを伐り、幹の縦断面をつくり、樹齢、樹高、直径等の平均値を求めこれを図面に現わす一方、判然している日光地方のスギ材の同様な図面とを比較し、東京のものが日光のものに比べていかに生育が悪いか、それは人工では改善できないものであることを、数値をもとに説明する方法である。

そこで筆者はこのことを教授に話し、図面作成を約束した。二〜三日後できた図(不良度を少し水増した)を教授に示し、これを持参して侯爵に示し、林学上スギに関するかぎり不可能を可能にはなし得ないこと、土地の改良など言いやすくして実行は不可能なこと、代々木のスギの生育は日光その他のスギ林にくらべては一〇〜二〇%不良であること、その不良生長のスギを用い、結果が思わしくない場合、大臣はどういう責任をとられるかということ、などいくぶん釈迦に説法のきらいはあったが行きがかり上、余計なことと思いながら申し添えたのである。

教授はその図を侯爵に示したのか、話はどうきまったのか、若輩であった筆者など雲の上のことはわからない。この場合もし大臣の威に屈しスギ林などに変更したならば現在どのようなみじめな状態に立ち至ったか想像するさえ空おそろしい気がするのである。

(三) 林苑造成の工事始まる

境内予定地は御料地といってもまったくの野放し状態であった。日本大博覧会に貸与した一五万坪(約五〇ha)、及びその他に宮内省内苑寮が植つけたカラマツその他の大苗木が見られたものの、それ以外はすべて原野の状態であった。このなかを見たのは大正三年(一九一四)の春の頃、外柵の破れ目からもぐりこみ、入ったもののその広いことに驚くばかりであった。現在の宝物殿前に当る一帯の低地は一面の沼沢地、体をかくすに足りる枯アシが生じて

宝物殿前の凹地。原野状の沼沢地だった

いた。樹林はすかして見えるものもあったが多くは密生状態が続いていた、管理人に見つけられまいとしておどおどしながら、足音を気にし、それでも御苑を除いた全域と思われる部分を歩きまわった、これが後日、大学教室における本多教授の設計手伝いに当り、どのくらい役に立ったかわからない。

大正四年（一九一五）三月、正式に辞令をうけてからは大学と現地とのかけもち詰めを開始。現地といっても何一つ設備のあるわけではなく、居住の管理人があけわたした二間の部屋を臨時に使う程度であり、測量か樹林調査の外業にだけ取りか

宝物殿前の凹地。（右ページの続き）

大正４年（1915）神宮造営局仮事務所の姿（左端が著者）

かった。時々、近所の子供がもぐりこみ、枯草に火をつけることがあった。それっ山火事と弁当の箸をおいて走り出したことはよく記憶している。相手は子供のこととてどうにも始末におえなかった。

その頃、明治神宮造営局の官制、予算など議会の審議にかけられており、公布の日を指折り数えて待っていたのであるが四月三十日、貴族院本会議で総員起立のうちに可決されたとの報を新聞紙上によって知った。これで神宮創建は法律上確定したわけである。

総予算は約三四六万円、このうち園路、苑地の分は八八万円、周囲土塁、池泉等を除いた面積一八四、八三五坪（約六一ha）に対して植樹、土盛その他の分として約三三万円、坪当り一円八〇銭という次第で、樹木代金は全く計上してなかった。今日にくらべて物価は安かったとしても、この予算（のちに追加はされた）でいちおう築造が計画されたのである。

前述した神社奉祝調査会は廃止となり、委員であった人はそのまま造営局の人として五月一日附でそれぞれ任命された。すなわち川瀬、本多、伊東、原、佐野の五教授は佐野博士の参事となったのを除きすべて参与、本官としては参事中山斧吉氏が林苑課長、折下吉延《おりしもよしのぶ》氏が同課技師（この二人が筆者の上司）建築では技師大江新太郎氏、土木では道路工学の大家、牧彦七博士が技師となった。どういう理由か、唯一人福羽逸人氏は任命されなかった。筆者も造営局技手判任官五級俸年俸五四〇円の辞令をうやうやしく頂いたわけである。

以上陣容は整ったものの現地は相変らずの原野状態、判任官以下は現地詰め、高等官らはすべて内務省詰で仕事にあたった。われわれは農家改造の一室に陣どったものの仕事の打合せ上、絶えず大学の教室に集まった。それでも八月には出先官庁として代々木工務所も木造ながら新築された。主任として高橋主事も任命され、また境内への鉄道引込線も原宿から分岐して完成した。そこで一〇月七日には厳かに地鎮祭が行なわれた。
筆者は判任官総代としてこれに参列した。生れて初めて白衣の衣冠束帯をつけたものの作法を知らなければならぬとあって、連日のように参事、宮地直一（のちの東京大学教授神祇学担当）、八束清貫（のちの掌典）両氏の手ほどきで参列予定の一同とともに拍手、礼拝の仕方を稽古したものである。これが五〇年ののち昭和四〇年（一九六五）七月二八日、ドイツ、カールスルーエ市で日本庭園築造の初めに当り、地鎮祭執行のときに役立つこととなろうとは神ならぬ身の知る由もなかった。同四二年（一九六七）四月一四日には重ねて同公園竣工式に束帯姿で祝詞をあげた、ヨーロッパの地にあってかような神式を行なうことは、まず空前絶後であろうと、いささか自負している。（注・この時の様子は上原敬二『造園大系第二巻　庭園論』加島書店、一九七三　口絵参照）
境内造成の仕事は六ヵ年の継続事業であり、この期間内には是が非でも完成させなければならない。それだけに技術側では一同真剣そのもの。筆者のほか同僚数名、人員に余裕のありようはなく、すべて過労務と称してもよいものであった。このひろい区域、周囲約一里（四㎞）、歩くだけでも体にこたえる。そこで申し合わせにより全区域を七区に分け、樹林本位のもの、庭園及び園芸本位のものとに二分した。

かくて各区に現地分担を定め、工事の進捗を図った。庭師、植木職、手許（てもと＝助手）、材料、諸道具の手配も早くから着手した。当時植木職の手間は一日一、二〇〜一、八〇円、女人夫〇、八〇円、筆者の使った庭師小島国三郎など異例の三、〇〇円で非常勤としたことなど、植木職の羨望の的となった。筆者の給料など一日当り平均一、五〇円という次第であった。

筆者の受持区は主として樹林本位のところ、公務員としての出勤、退庁の時刻と植木職のそれとの間には朝夕時間のズレがあった、植木職を朝夕遊ばせておくわけにはいかない、われわれは公務員であっても仕事の上では監督である、仕事本位に進めるのが本命であると考えた筆者は公務員である点では欠格であることに甘んじ、工事の促進を図った。同僚が退庁ののちも居残って現場の監督として一つでも多くの仕事をその日のうちに片付けることを念願とした。帰るときは翌朝の段取りを申し渡しておくのを習慣とした。日曜も祭日もない、時に雨上りの日などおそく退庁して帰りがけ、人影の少なかった「代々木」古株附近（五一頁図・写真参照）の園路にはタヌキの親子が遊んでいるのを見かけたことさえあった。

殊に大木の移植工事など公務員の出勤時刻とはおよそ縁がうすいものである。やりかけた以上は早く完了させたかったので、植木職には歩増し（ぶまし＝報酬の増額）も思いきり行なった。時に夜にかかることもあった。筆者にとっては時間の問題ではなく、仕事の成りゆきの方が大切であった。年は若かったといってもかなりの重労働である。帰宅ののち疲れていてもその日の工事経過を詳細に記録した。これでは翌日の出勤時刻に間に合うはずはない。遅れて出かけても仕事の方には少しも不安はないように済ませていた。しかし、怠けるわけではないが体がつづかない。上司は退庁時刻など考えてはくれない、勝手に居残っているくらいに思っている。したがってほとんど毎日遅刻である。小さな給仕が毎朝のように廊下に出て、遠くの林苑課の室に向かい「上原さん、出勤簿に印おして下さい」と大声で呼ばれるのには閉口した。出席はしているのだから印なしに出勤簿を主任のもとに届けることはできない。

遅刻を自慢にしているわけではない。その反面仕事の方は寸分のすきもなく他の同僚の分より進捗している。これでは公務員の資格はゼロに近い。もっと要領よくやれと、前に役人の経験ある同僚にすすめられたこともある。与えられた仕事は仲間の倍近くやるが、表面上では怠けることも倍以上となってしまう。これでは年末賞与が少ないのは当然だった。毎日の出勤簿が唯一の証明なのであるから。年配の同僚には実に要領よく立ちまわるものもいた。表面上は精励恪勤（せいれいかっきん＝よく働くこと）、仕事の完成など上司にわかるものではないとばかり、それ故に筆者の分担仕事の進捗は彼等にとって恨みの的となった。それらのものの賞与にくらべ筆者の方は1／3～1／4。年一回の賞与が四〇円ということもあった。筆者はもともと役人向きの性格ではない、給与など問題にはしていない。願うところは境内移植事業を一つの業績としてまとめたいという野心があるだけであったので、内心は毎日満足に過していたのである。

五〇人以上の植木職の監督ともなれば腕の冴えた世話役の庭師がいたとて少しも気は許せなかった。大木移植などにはかなりな危険が伴うものである。万一にも怪我人か重傷者を出し、神域を血で染めるようなことがあれば監督として申し開きはできない。反面工事は急がなければならない。加うるに現場を離れた机上の事務もある。一刻として気はゆるせない、その日その日の無事を祈るのみ、ただ緊張あるのみ、用意周到あるのみ、一々同僚の言動などに気をかけてはいられない。自分の信念に進むのみ、これが若かった筆者（当時二十七歳）の偽りなき毎日であった。幸にも在任中、自分の輩下から大きな怪我人は一人も出なかった、あとで顧みて悔なき日常であったと思う。

重労働は幸にも健康であったので耐えることができた。しかし唯一つ毎日の悩みがあった。それは植木職が何気なしに毎日使っている現場の用語である、これがよくわからない。どこの職場にもそれ相当の隠語があり、俗語がある、植木職仲間といえども例外ではない。彼等にとっては日常茶飯事のことなのである。

キンネンをはずしてオシメをかけろ

もう一丁、おなまで男にしろ

タッパ飛ばさなけりゃオシャカになるぞ

等々

こういう言葉が植木職の口からポンポン飛び出す、読者諸君わかりますか。学校出たばかりの監督にこれらがわかるはずはない、学校で教える事柄ではない、といって植木職にその意味を教えてくれと頼む筋合ではない。植木職の方では日常のこと、監督がこれくらいのことを知らないはずはないと信頼しているのをいまさら裏切る気持はない。場合によってはこちらも口うらを合わせて、いい気になって生まれて初めてこれを大声でどなることもあった。大木移植というものはこうした気合が入らないと仕事が無事に進まないものなのである。何を意味するのか、わかりもしないのにこんなことを声に出す自分を自分でもおかしいと思うこともあった。お互に信頼ということは大切なもの、これで仕事がはかどればそれでよいのである。

　こうした隠語がでるたびに、これらをひそかに紙片にかきつけポケットに入れた。彼等の見ている前で書きとめることは絶対に禁物なのである。それは職人というものは自分たちの工程を監督に記されることをきらうからで、当方では隠語の記録収集のつもりでも彼等にとってはそれがわからない。もっとも毎日のように彼等のこうした言葉を聞いているとおのずから判明はしてくる。時に雨ふりなどの日、彼等

上原敬二『樹木根廻運搬 並 移植法』嵩山房，1918
明治神宮の森「永遠の杜」造成過程で得られた知識・知恵を整理し体系化して得られた、わが国造園樹木学の科学的技術書の第一号。
口絵、写真は明治神宮の森造成時のもの。重版され改訂版も出された。

の焚小屋でいっしょに語るとき、それとなく不明の点を問いただす機会はあった。毎日この言葉を整理するのは楽しみにもなった。三年間でそれが数百語に達した。そこで造園用語として大正七年（一九一八）或る雑誌で発表し、翌年（一九一九）は拙著『樹木根廻運搬並移植法』の巻末に収録した。これらは後年、『造園ポケットブック』（一九三九）その他にも採録されたが筆者の不注意から簡単に過ぎて真相不明のものが多く出た。そこで改めて意味不明と思われるものは拙著『造園辞典』（一九七一）のなかで簡単だが図版を添えて説明しておいた。

（四）境内の樹木と植栽

現在（昭和四十五年・一九七〇）生育している境内の植物については、鎮座五十年の記念事業の一つとして目下調査中とのことなのでいずれ発表される時期が来ると思う。それらのうち樹木についてはおよそ左のような状態のもとで生育しているのである。

1　在来木　武蔵野に見られる種類は境内にあってもすべて生じている、なかには植栽木と混生したものもある。例えば落葉樹としてはアカメガシワ、イヌザクラ、イヌシデ、エゴノキ、ガマズミ、クサギ、クヌギ、クリ、ケヤキ、コナラ、コブシ、ネムノキ、ムクノキ、ムラサキシキブ、ヤマナラシ、ヤマハゼ、ヤマモミジなどは重要とされる。常緑樹としてはアオキ、アカマツ、イヌツゲ、イボタノキ、カシ類、クロマツ、サワラ、シイノキ、シロダモ、スギ、ネズミモチ、ヒサカキ、ヒノキ、モチノキ、モミ、ヤツデ、ヤブニッケイなどがある。

2　植栽樹木　植栽の年代は不明だが一団地をなすか、柵状、列植のものはそれである。古くはクリ、キリ、ウメ、チャノキ、イチョウ、クワ、サクラ、孟宗竹、新しくは大博覧会及び宮内省内苑寮で植えたカラマツなどはいちじるしい。居住者の用途に供したものもある。竹藪は西門近くにあり、皇室御料の筍を産出したといわれる。キリは倒木伐採した根株をもらいうけ筆者は手あぶりの火鉢につくりあげた。

以上二類のもののほかすべてで六〇四種（草本を含む）一六、〇〇〇株と記録されている。

3　献木　一般献木として全国、領土各地から搬入、受入れのもの、種類で二七九種、これは前記の種と重複している。（献木の項参照）

4　譲受、購入、交換、特殊献木として約一一、〇〇〇株。

5　以上境内に搬入された植物の根土に着生していた実生苗または種実から生育したと思われる種類のもの。

6　雨水、風、鳥、虫、小動物等により運ばれた種実の落下、伝播にもとずき繁殖した種類のもの。

7　人により伝播したもの、すなわち衣装、所持品に附着していた種実の落下、境内で食用とした果物の種子の残留、持ちこまれた器材その他に附着していた種実の落下、発芽によるもの。

境内植栽事業完了ののち樹木は環境に恵まれ旺盛に生育した。数年後に起った関東震災により焼失した都内の一部分に緑化補充として境内過密部分の樹木移植があったと聞いてはいるが、とにかく今日境内二〇万本の樹木の骨子はこうしてできあがったのである。

在来木、献木、購入木等の取り扱いは境内林造成の大本にしたがって植栽した。地方からの一般献木は輸送の関係上そう長大なものはなかったので、数は多かったが風除支柱には苦労しなかった。しかし在来木で風致、修景配植のため移植したものは相当の大木があり、この風除支柱には杉丸太及び亜鉛引鉄線が主として用いられた。なかでも杉丸太は相当の長もの、この経費は少くなかった。そこでこの経費節約が問題となって協議されたが、筆者はこの頃国有林に関係された先輩田中波慈女氏の言を思い出し、信州産カラマツの間伐材を入れてはどうかと提案したのであった。それではというので田中氏を通じて交渉の結果、地元では大喜びであるという。同地では間伐材は弱いので需要少なく、間伐はするもののハケ口がない、さりとてあとの樹林を考えれば間伐はどうしても行なわなければならない。伐っても売れないもて余しものを、しかも皮付きのままでよいというのだから造林地の喜びは大きいし、神宮当局にしても安価で入るので双方都合がよかったのである。

総計ではスギ丸太購入量一五、五八〇本であるに対し、カラマツはおくれたので約三七、〇〇〇本であった。大正六年（一九一七）秋に大暴風あり、植えつけた樹木の大半は風倒の害をうけた。この時初めてカラマツ材がスギ材にくらべていかに弱いものであるかを実証した。スギの方では樹は折れても支柱丸太の折れるということはなかったが、カラマツの方は樹が折れず支柱材の方が折れた。もちろん初めからこのことは判然していたことであり、価格も安いので、いまさら苦情を持ちこむところはない。ただわれわれとしてはカラマツの弱体性が予想外に大であることを知ったのである。

既存樹木を除けて囲むよう（竈状）に積んだ外周石積

在来木及び献木をもって造成した境内の部分を区別して次に説明したい。

1　周 囲 帯

土木当局は周囲すべて腰石積とし、その上に盛土して土塁とする案を主唱し、これは容れられた。しかし境界線には多くの大木が生じていた。これに対し林苑課としては移植可能なものはできるだけ移植するが大木は不可能であるので、これを伐木せずに助けたいと申し出た。協議の結果、竈《かまど》として樹木を除け、これを囲んで石積とすることとなり、この点牧課長は快くこれを了解された。ムクノキ、ケヤキの二種で周囲一m以上、合計四五株もあった。今日でもそのまま生長した姿が見られる。土木工事としてかような樹木保護策をとったことは例が少ないという、手数も多く、経費もかさむがこれが造園土木の範とされている。

　土塁延長は周囲三、三一六m、間知石《けんちいし》は相州堅石と須賀川石、ビシャン仕上げ、石材量は約七八、七〇〇立方mを必要とした。石積上に盛土し、その上に低い生垣状として何の樹を植えるべきか、これに対しては本多参与独自の提案が容れられた。その理由として生垣の刈りこみなどということは延長が長いので言うべくして行なえるものではない。よって生育がおそく、刈りこみをしないでも常に刈りこんだような形を維持し、しかも砂塵、煙害に強く、安価であり、大量に手に入れられるものにかぎると。この条件に合うものはイヌツゲ以外にはないということであった。この話を聞きこんだ岡山県林務課長は早速に県下に手配し、久米郡大井西村外二二箇町村の連名で約一〇、〇〇〇本の献木が申出でられ、これを受けいれ植栽された。当時この献木を見たのにほとんど山地の自生苗であり、一度は下刈のため幹を伐られ地上部を刈りとられた萌芽樹であり、高さは約三〇㎝であるものの、年数を経たものであった。これは今日まで予想どおりの生育で、五〇年間に相当生育はあり太さの大になったものもあるがほとんど伸長していない。献木として樹種の判

神宮橋と造成中の南参道入口付近を望む

明しているもののなかで成功した一つである。

2　南参道

境内以外の表参道にはケヤキ並木があり、境外とはいいながら参道であり、この樹の選定、納入は横溝政吉氏（東京植木）であり、選定には筆者が応分の尽力を惜しまなかった。寸法上の規格には合っているが樹形上不適格と思われるものは遠慮なく除外した。ケヤキは日本特産であり、この美しい並木ができれば世界に誇りうるものと信じていたからである。果して成功した、道幅のひろい関係もあったが樹齢三五年の時の美しさは人の目を引くものがあったが惜しいことに戦災で大部分は焼失した。この参道を過ぎ神宮橋で南参道の広場に入る。

ここでケヤキと縁を切ることとなるので、その連絡、緩衝のためにもこの広場にケヤキが欲しかった。そこで原参与に提案し、どこかにケヤキの献木をする人はいないかと申し入れた。実は候補樹のあることを知っていたのである。原博士は主として園芸区の担当で樹林の方には縁が少なかったが、この提言を喜ばれた。博士は前田侯、その親戚の近くの鍋島侯、両家の庭に関与していたことは筆者も知っていたし、在学中前田侯の庭においてアルバイトの世話に与った関係も思い出され、どこかによい樹はないかとの質問があり、とっておきのケヤキの若木三本を指摘した。話は即座にまとまった。楔点（くさびてん＝節点）となる南参道広場、制札に近いところのケヤキ三株は鍋島侯の献植、左手守衛舎近くのムクノキ三本は前田侯の献木である。原博士は特にムクノキが好きであった。この六本、植栽の日は記憶にないが荷馬車二台に積まれて来たもの、片腕くらいの大きさであり、筆者の目の前で植えられた。これが今日幹周囲一m余に生育している。神宮参拝の度に樹皮を愛撫しては鳥居をくぐる。

鳥居を入ってから参道が始まる、やがて三〇分の一の下り勾配で水流にかかる神橋に達する。（この水流の石組は別項にあり）この附近は外域林であり、相当明る

大鳥居（第二鳥居）付近の造成。移植樹木の支柱が見られる

い気分を出す予定で植栽案を練ったのだが適当な落葉樹が見当らなかった。せめて水流附近だけでも明るくしたいと落葉樹、特にモミジ類を入れたのだが現在では常緑樹に圧倒されてしまった。再び上り勾配で社務所附近に向う。ここで北参道と合一し左折して第二鳥居を入ると正面参道となる。

3　正面参道

これが正式参拝の道筋、日本に神社は多いがとれほど荘重、雄大な参道はここ以外には見られない。この辺から内域林となり、次第に幽邃さが増してくる。道幅については南参道は八間（十四、五m）、北参道は六間（十一m）、これが併合して

表参道大鳥居付近の現状

正面参道が一〇間（十八、二m）、西参道は四間（七、三m）と格差がつけられている。これら道幅は第二鳥居の附近で現場協定が行なわれた結果による。道幅に片側一間（一、八m）ずつの差をつけたこと、正面参道の曲りに桝形を設けたこと、曲りを九〇度としないで八八度としたことは大江技師の提案によって決定した。道わきの排水溝（殊に正面参道）の構造については地表からでは見えないが牧博士の苦心の設計がものをいって決定した。道路に関心をもつ人は正面参道の排水溝及び桝形はその構造に目を留められたい。林苑の側として提案したことは正面参道一〇間の両側には浅く盛土を行ない、左右とも三間の間隔でケヤキを列植し、この間は無立木地帯とする。それは緩衝地帯の意味で、将来参拝者が雲集した場合には一〇間で収容しきれない時はケヤキの根元まで人を入れてもよいという前提であった。現在までかかる多数の参拝もないし、参拝者も秩序を守り、林内に入ったものはない。

4 北参道

北参道広場は昔からあった。左側に雌雄対植のイチョウの巨木二株が立っている。この点、南参道が馬蹄に踏みかためられた練兵場の一角に新設されたものと異なる。広場を入ってから珍らしくも直線堀りさげの杉並木道が続いていた。ここが昔の行幸道路とされたところである。ただしそのスギは生育はよくないし、大木でもなかった。新設の参道は道幅六間（十一m）、このスギ並木とは関係なくつくられ、風致の多かった東池を左手にして、大ムク（今日は枯れた）に向って進んでいる。

5 西参道

この参道はむしろ出口に当るもので、広場は昔から存在した入口を改造したものである。入口と神社とを結んだものといえる。ただ社殿から出たところは旧来の樹林地、コウヤマキの植栽もある比較的陰地であり、幽邃であるのを特徴とする。他の参道にくらべると重要性は少ない、道幅は四間(七、三m)である。宝物殿参観には近道とされる。

6 御敷地(玉垣内)

神座のある本殿を中心とし、拝殿、神饌殿、便殿など祭祀、参拝に必要とする建築物の集まっている区域で玉垣、廻廊に囲まれた最も重要な神聖地域とされる。面積約六、五〇〇坪(二、一ha)、入口として御敷地広場、東北隅に鬼門除けとしての掻きこみがつく。正面に手水舎があり、その近くに植えられた常緑樹は太古の時代にサカキと呼ばれたオガタマノキ。関東には自然生が少なく、暖地の産であるが、すべての樹木のなかで最も移植が困難とされるものである。どういう理由かは不明であるが筆者の学窓、東京駒場、東京大学農学部林学教室の近くに見事な大木が植えられていた、これを献進したものである。

この区域は境内のほぼ中央、平坦であり、アカマツの疎林地、建築のため伐採または移植される犠牲となる樹木の最も少ないところ、誰の目にも適当な候補地であり、現場における協議でも異議なく決定したものである。ここはマツを伐採して茶

創建当時の社殿松林（拝殿より南神門）

畑としたところである、チャノキは一株も残ってはいなかったが地下かなり深いところにチャの根が現われたのでも証明される、クワとチャとは根のきわめて深く進入するものである。

正確に御敷地区を定める場合、マツの犠牲を最も少くするための手段がとられた。（後述）現在のマツ植込は戦災で社殿炎上ののち再建に伴うものであり、初めの配置とはかなり相違している。社殿の北側、社背林に当る区域はもと射撃場であったらしく地下から小銃弾が現われた。ここには宝物殿前の鋤取土をもって人工で低い七五三の地瘤として盛土された。その上に禁足区として社背林の中軸である常緑樹が植栽され、盛土であるため特に生育が盛んであった。社背として最も近い苑路まで四〇間(約七三m)あるので万一の場合防火の効果はあるものと認められた。御敷地から東門を過ぎて短いが東参道あり、これが北参道と結ばれる。西には西門から発する西参道がある。

7　東池・宝物殿前・旧代々木御苑

以上は主として樹林本位の新規植栽の説明であった。これらのほか庭園式のもの、現地に手を加える程度のものなどがあった。例えば東池の如き例である。社務所の北側にあり、東西に細長い幽邃な池で、水をたたえるためには池底を固めなければならない。これに境内地各所で掘りあげられた伐根や根株が用いられた。伐根掘起しの機械がない時代のこととて、この伐根を掘起し、取除く手間は少くなかった。そうしなければ献木の植えつけができないところが多かった。掘上げた根株はきわめて多量であり、処置にこまった。それでこれを逆さにして池底に沈め、骨材の代りとしその上からコンクリート流しを始めたのである。この案は折下技師の提唱による。かくて東池の一帯はささやかながら庭の様相を整えるに至った。

宝物殿前は広濶な芝生地とする計画、そこで芝草の発育をよくするため、表土の黒土をはぎとり、その下方の赤土を掘りさげて地盤を低くし、のちその上に再び黒土をひろげたのである。かような土の入れかえも大局から見れば芝の発育、生長にそう大きな影響を与えていなかった。この部分の池泉はかなり大規模とし、西門に近いところに人工鑿泉（さくせん＝井戸）を設け、湧水を利用して水景を現わす予定であったが掘り下げること三〇〇mで水は出なかったのでいっさいの計画を変更し、池の面積も縮少するのやむなきに至った。従来の池沼の水は雨水及びしぼれ水であった。なお宝物殿前から右手に竹藪、中央に一本松をおき南方遠く、芝生と寄植を通して新宿御苑に見るようなビスタをつくること、原参与の希望であったが完全には成功しなかった。

旧代々木御苑は前述のように天皇、皇太后、皇后の御幸（みゆき＝外出）のあったところ、境内のうちさらに一画を囲み特別入園の方法をとっている。約一haの区域、二分岐した池泉の北側は水源であり、清正井戸の湧水によって相当の水量が供給された。もとはジュンサイ沼であり、のちハナショウブの栽植地となって今日に及んでいる。南池の背面は奥行浅く、造成の当時その外側の陸軍練兵場からは雨降りの日など泥水の流れこむ状態であったので、のちに陸軍省と交渉の結果、換地交換し一部分購入によってこの流下水を喰いとめたのである。北側の緩斜面上には閑

旧代々木御苑の菖蒲田と亭

旧代々木御苑の池

雲亭が立ち、だいたい旧観のとおり、初夏のサツキ、ハナショウブの美しさ、秋は西側の紅葉の見事さを誇りとしている。

以上の如き庭園、園芸に関与する分子の多い区域は直接筆者の造成関係からは外されていたのでこれ以上詳細な記録を残するには至らなかった。

境内の植栽、移植については土木、建築の工事に障害となる在来木に行ない、風致修景上からは在来木、献木、購入木その他を充てた。計画変更のため再移植の挙に出たものもある、これらはみな施工を急がれるものばかり、一般庭園の植栽に見るような悠長な態度は許されない、即断即決実施であった。殊に献木では幾百本到着しても午前の分は午後の入荷時刻前までに、午後の分は翌日到着時刻前までに引込線のホームから取りのけなければならない。大雨でないかぎり風雨を厭ってはいられない。植栽といってもただ植えつけだけではなく、灌水、風除、献木者名札取りつけ、台帳記入、位置明示の仕事がある。時には献木者自身で来場、自分の献木の植場所を見たいという申出もある、何万という数のうちの一本か二本、その場所への案内、ただでさえ人手の少ない折柄、といって断ることはできない、春季植栽適季の一〇〇日間は戦場のような忙しさに追いまくられた。

（五）境内の老大木

旧代々木御苑隔雲亭前の藤の絡んだ赤松の大木

境内地の前身については前に述べたが全区域の五分の一は草生地、藪地同様、周囲と五分の四には樹林があった。その内訳として一部分に苗床あり、ほかに前述の三、〇〇〇余坪（約一ha）の自然池沼。これを中心として代々木御苑あり、庭園と称してもほとんど自然林、池畔にヤマブキ、斜面にハギ、ツツジを植えこみ、林内にはモミ、コナラ、クヌギ、アカマツの中壮木あり、特にフジの纏絡（てんらく＝まとい付く）したアカマツの美しい大木が目についた。

御苑の水源については前項において少し触れておいたが、これは湧水、地下に埋められた開口のセメント樽状のものの縁から吹きこぼれていた。温度一一度、一秒間二、〇〇〇ℓの湧水量を測定したこともある、そのすぐ近くにスギの大木があり、枝下高く、直幹美しく、周囲二、二m、まず四〇〇年の樹齢と判定した。湧水あればこそここまで順調に生育したのである。この水の涸れる時はやがてこの樹も最後である。この根元にタヌキの巣があったのを知っている人は幾人もいなかった。これ以外境内にはスギもあったが、いずれも生育不良、東池附近のものだけがやや見るに値した。

マツは多く見られたがほとんどアカマツであった。前記御苑内のものは周囲一、五m、これに近い大木は宝物殿前の広い草生地の路傍に唯一株あり、斜幹で枝張大に、野地の一本松といった感じのもの、八〇～九〇年生と見込みをつけた。（二〇頁写真参照）クロマツは小木は多かったが唯一本、周囲一、〇m近い直幹美しいものが杜背林近くに生育していた。

当時境内の最大木は落葉樹ムクノキであった。東池の西、北参道の道沿に当って

北参道広場のイチョウの現状

立っていた。根元近くに空洞はあったが根張りいちじるしく周囲三m、高さ三五m、周囲の群木をぬいて目印しとなっていた。これは枯れて後継木が植え添えてある。ムクノキの大木はこのほか境内西側の区域及び西側旧練兵場の境界線中にある。

現在（昭和四十五年・一九七〇）、昔のままの大木姿で見られるのは代々木からの参道（北参道）の広場にある対植の雌雄二株のイチョウである、大きさほぼ同じ、周囲約一、五m、おそらく明治初年頃の植栽と思うが雌雄を選んだ点に何等かの根拠があるか、この来歴は不明とされる。参道のこの樹種を重要視し、裏参道及び内外両苑連絡参道の並木にはイチョウを用いたので表参道及び南参道広場のケヤキと相対峙するものである。イチョウとしては年数の割合には生育がよいとはいえない。

最後に残ったものはモミである、大古の時代この附近はモミの自然林であったと考える。代々木の地名のもととなったと伝えるモミの大木がここにあった。代々木という地名の由来については諸説があり、どれも信頼できない、その一つ代々親から子へと種実を落して繁植する力がつよいのでモミの木を代々木と称し、そのもとは井伊家の古図にも載っている境内のモミの大木であるという説は多く唱えられている。真相はしばらくおき、その根拠となった大木は南参道を入った左側（西側）御苑との間の道沿に生じていた。この地が鎮座地と決定の当時すでに枯れていたがくさりやすい樹のこととて皮肉は破れ、枝幹は折れていたが、なお周囲三m、高さ四mはあった、この数年前まで生きていたらしく枯死の年代は不明である。

この樹については広重の『江戸土産』に絵が示されているという。（筆者は未見）また『東都一覧武蔵考』には「千駄ケ谷と代々木との間に井伊掃部頭の下屋敷あり、めぐり一里余あり、園中に樅《もみ》の大木ありて枝たれたり、これをよづれば芝浦、鉄砲洲まで一目にして奇観なりとす」という一文が載っている。白井光太郎博士は生前

「御神木代々木」と称されていたモミの大木（1920年頃）

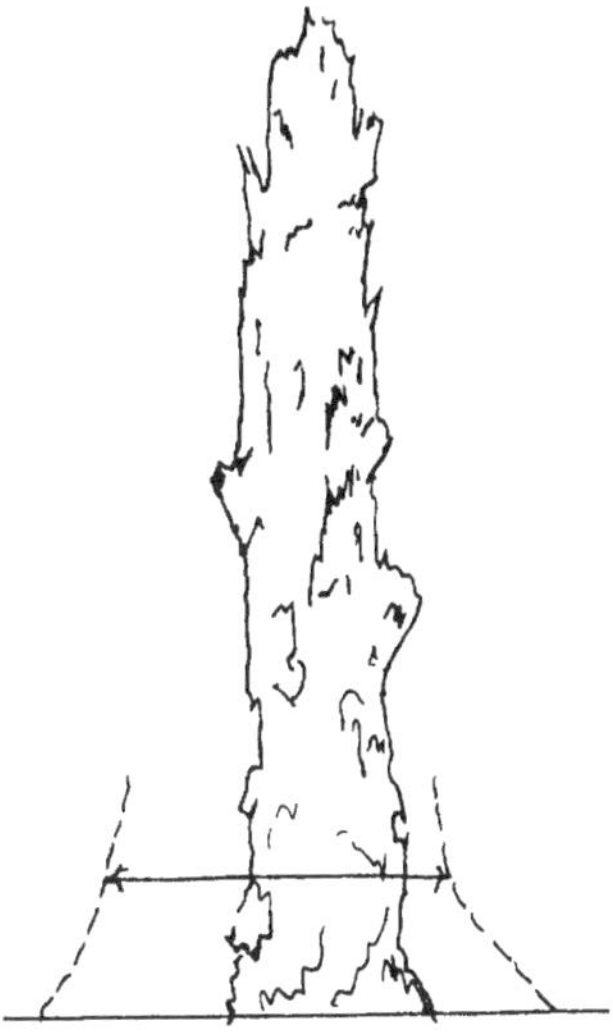

枯死後約20年と思われるモミの大木。大正4年（1915）1月、筆者の写生。点線は生存時代の幹の推定。

これを測定し周囲一〇、八m、当時日本第一の大木と発表したことがある。今日までの記録ではモミの最大木は岩手県大船渡市大字盛町、洞雲寺のものが周囲七、三mで生きている。（既に枯死）それにくらべれば格段の差であり、まさしく日本第一の大木（直径）といってもよい。代々木在住の庭師吉原組の身内でこの生木を見たことのある若者に直接聞いたところ、地表から枝があり、梢端まで枝を伝い、ハシゴなしで梢頭まで登れたという、そこから晴れた日には遠く東京湾まで望み得たといった、枝張は五〇mはあったという。モミは中年以後は伸長、肥大の早い樹であるからおそらく一五〇～二〇〇年の樹齢と思われる。この周辺にはモミの稚苗多く生じていた、旧御殿の門前に大木数本あり、みなこの子孫と思われる、いずれも枯れてしまった。井伊家の古図にある松並木は早くから枯れたらしく、かえって短命のはずであるモミがこの大きさを維持して残ったのは環境のよいことを物語る一つの証明ではないかと思う。

（附記）前記のモミノキ巨木については溝口白羊著「明治神宮紀」に周囲三丈六尺（一〇、八m）とあるのをそのまま引用した、しかしこれは疑しい。
この樹は初め加藤清正手植の銀杏として世に称せられたもの（明治四一、一、二、日本新聞）しかし別記のとおり清正が出府したという事実はないと歴史家は述べている。なお白井光太郎理学士は別記栗本鋤雲の文を引用し、これはイチョウではなく、モミであるとし、かつその保存策を申立てている。（植物学雑誌二二一～二五四、明治四一、三）

栗本鋤雲著「匏菴十種に」

「（前略）夫は姑く闇き眼前予が目撃せし大樹は府下にて世々木の旧彦根侯の邸中にある樅の樹にて其幹男子四人両手を張て囲むを得べき程なるが此樹の殊に奇なるは生の儘にて更に斧鋸を経ざれば合抱の旁枝地に貼して長く延ぶること四方凡三十間（約五五ｍ）に余り、夫より梢に至る迄次第に短くなれども巓頂まで能く斉ひてあれば梯せずして攀づべく登りて巓に達すれば東京府下の市街は一目に俯瞰するを得べし故に幕府の時は人の登攀を禁じたり蓋し大城中の虚実を偵するに嫌あればなりと云伝ふ。（後略）」

栗本鋤雲（一八二二～一八九七）は江戸時代の人、文政五年（一八二二）に生れ、外国奉行となり、フランス文化を導入した、明治六～一八年（一八七三～八五）、郵便報知新聞社に入り、新聞記者となった、明治三〇年（一八九七）に没している。おそらくこの記事は新聞記者時代の執筆であろう、匏庵は同氏の雅号である。明治二〇年（一八八七）頃はこの樹は生存していたものと想像してもよい。

白井氏はこの存在地が大博覧会敷地に宮内省が貸した区域と思い同会に保存法を陳情している。その文は大博覧会敷地代々木御料地内ニ樅ノ巨木幹一株アリ恐クハ本邦ニ於ケル樅ノ最大ナル巨木幹ナルベシト愚考仕候不肖曾テ本邦森林植物調査ノ為官命ヲ奉シテ内地諸州ヲ巡回セシコト十余年ニ及ビシモ未タ斯ノ如キ巨大ナル樅樹ニ遭遇セシコト無之候、然ラバ本邦ニ於ケル最大樅トハ申難キヤモ知ラザレトモ最大ナル者ノ一ナルコトハ疑ヒナキカト被存候斯ル巨大ナル樅樹仮令已ニ枯死セシ木幹ト雖モ実物示教上貴重ノ標本ニシテ徒ニ之ヲ腐朽セシムルハ甚タ惜ムベキノ至リト被存候ニ付上部ヲ適当ノ長サニ截去リ下部ノ残存部ニ屋蓋ヲ作リ風雨ノ侵害ヲ保護被成候ハバ永ク斯ル貴重ノ標本ヲ保存スルコトヲ得テ学問上ノ利益ハ勿論一般民衆ノ智識ヲ弘ムルコト多大ナルカト被存候（中略）立枯ノ枯木博覧会ノ敷地内ニアリテ見苦シキ物ト認メラレ全然御取除キニ相成候様ノ事モ有之候ハバ一名木ヲ失ヒ候次第ニ付冒瀆ヲ忘レ愚見開陳仕候次第ニ御座候（後略）

明治四一年一月二〇日　　理学士　白井　光太郎

日本大博覧会事務局　御中

これに対し明治四一年（一九〇八）二月一九日同事務局から、この土地は博覧会の敷地外で宮内省内苑寮主管のもの故同書は内苑寮へ移牒したが同寮でも何とか保護策を講ずるはずであるという返書が白井氏のもとに送られた。

白井氏は博覧会敷地内と思ったので前記の文書を送ったのだがそうでないとすれば、これを輪切りにして大木の標本として博物館もしくは農科大学陳列場その他へ提出することを希望したというのだが、全く何の処置もとられないで野外に放置し、終に昭和二〇年（一九四五）の戦火のために焼いてしまったのである。

（六）献木の取扱

境内林造成には相当多数の樹木を必要とすることは初めからわかっている、しかしそれを購入する予算は計上されていなかった。それは一般国民の献進に仰ぐつもりであった。それは神社奉祀調査会時代すでに決議ずみであった。しかしその樹木には条件がある、樹木ならば何種でもよいというものではなかった。すなわち
1　境内にふさわしい自然の樹姿をそなえるもの。

2　枝根の発育十分に、活着、生長の見込確実なもの。
3　樹種は温暖両帯を郷土として健全な生育をなし、将来代々木及び青山地方の
　気候、土性に適し完全な生長を遂げるもの。

以上の条件のもとで種類を選択して見た結果、甲類として四五種、これは喬木性、乙類として灌木または灌木として取扱うもの、三尺（一m）以上とし三五種、合計八〇種、別な分け方にすると常緑樹四二種、落葉樹三八種となった。ありふれたものばかりであり、外国産のものは避けた。（後日寄進のあったものは青山外苑に植えた）またサクラ、ツバキ、サザンカ以外花の艶麗なものは除かれた。外国産といったが当時は台湾、朝鮮、樺太などは日本の領土であったので今日からいえば外国産であるコウヨウザン、チャンチンなど日本産とされていた。

（甲類） ヒノキ、マツ類、スギ、モミ類、サワラ、アスナロ、ネズコ、トウヒ類、カヤ、コウヤマキ、コウヨウザン、トガサワラ、ツガ類、イヌマキ、イチョウ、カシ類、シイ類、クス・タブ類、サクラ類、アオギリ、ケヤキ、カエデ類、カシワ、ソロ類、カツラ、トチノキ、ホオノキ、シナノキ類、オガタマノキ、ハリギリ、ハゼノキ、キササゲ、トネリコ、イイギリ、イヌエンジュ、ハクウンボク、タラヨウ、チャンチン、チシャノキ、ムクロジ、ネムノキ、キハダ、ミズキ、セ

ンダン、ニレ類

（乙類） ツバキ類、ツゲ、ナギ、アオキ、サカキ、ヒサカキ、サザンカ、サンゴジュ、モチノキ、モッコク、イヌガヤ、イチイ、カナメモチ、イヌツゲ、ヤツデ、ユズリハ、ヒイラギ、イスノキ、ハナノキ、ハシドイ、リンボク、コブシ類、ニシキギ、リョウブ、カゴノキ、ソヨゴ、ナツツバキ、ウツギ類、クロモジ、ヤマグルマ、ヤブニッケイ、マユミ、アセビ、ビャクシン、ネズミサシ

献木希望の人は樹種、樹齢、高さ、目通周囲（地上一二〇cmの幹まわり周）、本数、搬入期を記載した調書を大正四年（一九一五）四月から十二月までの間に当局に提出すること、掘取、荷造、運搬の費用は自弁とすることと定めた。当時これに対して協賛の意を表し、献木の証明さえあれば鉄道院（後の国鉄、現在のJR）を初め全国の鉄道、汽船の公私会社一一八社は引込線による境内までの運賃五割引とされた。

これに対し一部の学者など当局のPRにおどらされて大衆の献木を強いたかの如き言葉を弄しているが誤解もはなはだしい。国民は心からこの献進を喜び、進んで協力したことの証拠は山のようにある。要するに神宮としては個々の樹木に重点をおかず、一つの集団として樹林を作りあげることを目標とした点は前記の樹種名を見

ればよくわかる。しかしこの精神は一般に徹底しなかった、大衆としては神宮への献植であり、神宮で何か美しい庭園でもつくるかのように錯覚した。その証拠には調書のなかに祖先愛培の名木や盆栽樹、地元で貴重とされる珍種もの、数少ない外国種のものなどが記載されていた。これらは受領しても植え場所にこまる、丁重に理由を書いて辞退したものである。

明治神宮造営局は右の甲乙二種についての調書の件を各道府県、領土地あてに通牒（つうちょう＝通達）したのであるが、立案者の側として重要なことを書き忘れていた。それは「樹種名は仮名書きとすること」の一項であり、さらに欲をいえば二～三片の葉を添えるということであった。

献木者の側でいえば、神宮へ献ずるものにカナ書きは失礼であるとばかり、わざわざ辞書を引き漢字をさがし出して記入したものが大部分であった。これには調書をもとに植栽計画を立てるわれわれが困った。先方と当方と二重の手数がかかった。漢字が正しいか、正しくないか、なかには手製の国字もある、先方でも迷われたか、二つも三つもの漢字が書かれている、それらの漢字が何の樹を意味しているか不明のものも少なからずあった。方言というものはその地方では日常使われているので方言とは思ってはいない、他国でも通用すると思うのは当然である。その方言には漢字がないものも多いが、無理に漢字をあてたのもある。調査にひまのかかることおびただしい、或は漢字が見当らないことをさも失礼と思うのかカナ書きにして心から佗びを申入れるのもあるが、これを見る一同そこでホッとしたわけである。最も困ったのは方言であって同時に標準名であるもの、これは到着後に判明した。

樹種が不明では植栽位置、区域の判定ができない。当方も辞書や樹木方言集を求めて来て首っ引と手さぐり同様で樹名を拾い出す。猫の手も借りたいくらい忙しいなかでこの詮索はいっそうの重荷であった。さらに出願者に照会するとか、葉の郵送を依頼するとか、県庁の林務技師を煩わすとか、このようなことも行なったことがある。それで曲りなりにも決定したのであった。ところが実際に搬入されて見ると照合の結果、誤りがあった。それは出願者の思い違い、文字の書き違い、樹種名の相違などが原因であった。初めに当局の通牒に「仮名書き」と加えておけばこのような大きな徒労はなかったのである。

種類は前記の通り、一般樹林造成用のもの、いわば植つぶしものなのである。しかし特殊のものも調書の手続なしに搬入された。早期に献木されたクルメツツジ三〇〇〇株、京都産台杉十数株などで、一般植栽には不適当、御殿の庭（のちの社務所の庭）に植えつけた。土塁用のイヌツゲなどは用途が定まっている。その他数多く、まとまったものはサカキとヒサカキ一〇、〇〇〇本、クロマツ壮木約三〇〇〇本、カシ類五〇〇〇本、サワラ約一〇〇〇本、台湾からのクス苗約一〇〇〇株は希望通りの種類で、有難く全く適格品であった。

クス苗などここでは霜除の必要があった、境内一〇〇～一五〇坪（三三〇～五〇〇㎡）に一本の割合で散植、文字通り冬の防寒に尽した。それが今日周囲一mの壮木となり、葉をふるわせて筆者を迎えてくれる。この引込線による献木トン数一一、五〇〇トン、大多数一般献木は大正五～六年（一九一六～七）に搬入、植栽した。

霜除保護して植栽したクスの生育（2009）。株立状は寒害後遺症

総本数は九五、五五九本となっているが、大正四年（一九一五）十二月調書の〆切時には約一〇万、他に特殊献木、購入木などもある。林業試験場九〇〇、農科大学三、三〇〇、府市町村二九、〇〇〇、文部省直轄学校二、二四四、その他があり、正確な数は筆者にはわからない、だいたい一二万本と記憶している。近代造園史上特筆すべき事績である。

（七）白金火薬庫跡の黒松

境内林造成上大きな役割を果したものは風致木としてのクロマツの植栽である。規格としては高さ六〜七間（一〇〜一二m）目通周囲一尺（約〇・三m）と定めた。仮に約一〇〇坪（三三〇㎡）に一本としても約二、〇〇〇本は必要、一般献木で間に合う形質ではない、この供給をどうするか、ここで決定したのは次の二箇所である。

第一は東京府下近郊町村内のものを物色することと協議一決した。筆者たちは手分けして町村役場を訪れ、協力と候補樹探索とに尽した。献木受入れ時期を外した夏の盛りの頃である。クロマツは多いが適格樹は少ない、毎日の調査結果を集計した。これに対しては地元所有者は快く寄進を承諾し、労力を提供した。その結果、荏原郡品川町長以下一五一町村の当事者から献木の厚意が示され合計一、五五二本はまとまって献植と決定した。これでわれわれの労苦は報いられた。

しかしこの本数では足りない。そこで第二の供給先として白羽の矢が立てられたのは当時の白金火薬庫跡といわれたところの樹林である。ここは現在の港区白金台町の自然教育園（約二〇ha）、三〇〇年に近いシイの老木を初め、動植物の宝庫といわれるところである。池沼あり、地形に変化あり、昔の白金長者と呼ばれた柳下家の屋敷跡で、のちに高松藩主松平家の下屋敷となった。庭つくりの跡も残っていた。のちに海軍用地となり、土塁を築き火薬庫もつくられた。それがさらに御料地となった。大正時代初期には全く荒廃し、柵囲は破れ、裏側からは何人も自由に入れるような場所となっていた。昼間は子供の遊び場、夜間は屈強なアベックのしばしのネグラ。管理人の社宅一棟、管理人も夏の夜は足音をしのばせ巡回をかねてネグラ探しが唯一の楽しみであった。したがって境内には神宮所要適格の樹種も多く、樹数また豊富であった。

ここから常緑樹及びクロマツ数百本を導入することが決定し、現場の処理は筆者に一任された。ここで毎日、毎木調査が進められ、外からの不法進入者を厳重に取り締まった。某日、大学生十数人を引卒した植物採集隊が堂々と入りこんで来たのには驚いた。教官にその不法をなじったが馬の耳に念仏、「わしは大学の中井だ」とばかり、平然採集をやめなかった。「毎年学生を連れて来ている、文句はあるまい」とばかり、出てゆく様子もないので、大喝して追出してしまった。あとで聞いたところそれは植物学教室の助教授中井猛之進博士であった。あの気むずかし屋の中井先生を叱り飛ばしたのは後にも先にも筆者一人であろう。これには後日談もあるが本文に関係がないのでさきを急ぐ。

当時は庭師帯同で樹木調査に没頭し、移植経費の算出に専念した。漸く調査終了したので数百本にわたり、毎木調査表とともに移植及び根廻費用の概算書を作成して経理課に提出した。この労苦は少なくなかった。この書類は内心いささか自慢のであった、自分でも行き届いた調査であると信じていた。ところが担当の村越進属官はこれを見て渋い顔、不平満々の様子。「寸法を見るに甲の木は乙の木より小さいのに経費が多いのはどういうわけか」と反問した。「樹は生きもの、直径、高さは少さくても枝量の多少、形態、曲直の程度、年齢その他により、車づけする場合多くの手数、人工《にんく》、材料がかかるので寸法上では小さくても経費はかかる。」と例をあげて反駁した。「さようなことは現場の話、技術の問題、自分の与り知らぬこと。自分が上司にこれを説明するときは君のようにはわからない。自分は上司に取りつぐのが役目。おそらく上司もその上の上司に説明する場合困るであろう。そこで現場としては総人工《にんく》、総材料さえ決定すればあとは現場でやりくりできることと考える。この毎木調査はご破算とし、樹の曲りとか、異常形などにこだわらず、直径もしくは高さ別にして按分比例にもとずいて書き直されたい。そうすれば現場のわからない自分も上司もよくわかる。その辺よく心得て」と、暗に書き方の馬鹿正直を笑われた。全くそのとおり、早速書き直して訂正の書類を出して決裁をうけた。これで筆者も一つ利口になった。役人ずれしていれば初めからこうした形式で書類をつくったであろうし、またこれならば庭師の考えもあるが、はるかに現場で簡単にきまったものである。馬鹿正直であるばかりに後日貴重な樹木移植の歩掛り表ができたというもの。何事も信念にもとづき仕事をすればよいということを教えられた。学校出たばかりの駆け出しの役人にはまことによい教訓が多かった。

以上の予算はすべて決裁となり、実施にうつされた。大正五年（一九一六）四月である。大木から小木まで数百本。移植、搬出の直営工事にあたり、困ったのは十数本の大木である。周囲一、五m、高さ一三mが最大の樹木であった。これらをど

牛を利用しての大木移植風景『樹木根廻運搬 並 移植法』第１図

のようにして白金から代々木まで運搬するかということに悩んだ。トラックやトレーラーのない時代である。当時大木移植用の大車は東京中に数台あるのみ、牛は九頭しかいなかった。辛うじて車は間に合い牛の方は三頭だけ都合がついた。白金火薬庫は目黒駅に近く、市電通りを使って運ぶことになる。よって夜十二時半終電車が発車した直後に曳出しにかかり、翌朝始発電車の動く前までに渋谷駅前に搬入しなければならない。練兵場に入ってのちは西門から入れる。この思い出の最大木は桝形の西、正面参道の左手に立っている。

大車の前に牛三頭、その前に馬一頭、電車通りに用意万端を整え終電通過を今か今かと待ちうける。毎夜の行事、馬の動きに応じて牛が曳出す手はずなのだが馬は動いても曳き出せず、牛は知らん顔。いわゆるウマが合わない。声をからし気勢をつけ、漸く牛が動き曳き出しが始まる。この時動きながら馬をはずすやり方、人の寝静まる頃の監督のつらさ、もちろん全行程、車につきそって歩く重労働であった。

運搬の途中、いくら注意しても大木であり、梢頭の動きで屋台店、看板を引き倒したり、はねとばしたり、荷の重さで電車の敷石を割ったりすることは何回もあった。いちばん困ったことは幾日目であったか、青山通りを前にして車のヤキバメがはずれかかった、六寸(約一八cm)もあるこれがはずれると、青山の市電通りに大木はエンコして放り出される。交通妨害ははなはだしい。むしろここで修理するにしかずと決心して車をとめたが修理は思うようにはかどらない。そのうち夜が白みかけて来た、気はあせっても如何ともならない。そこへ交番から巡査も駆けつけて来た。彼曰く、この道は今日皇后陛下行啓のお道筋に当る、何とか早く片つけよと。大木はそう思うようには動かないと応答しているうち、赤坂警察署から係官も駆けつけて来た。しかし樹木は神宮行きのもの、そう疎略には扱えない。さりとてお道筋の変更など当時として申し出られる筋合のものではない。筆者は出発前十分に注意し、点検していた。車の運行中荷重による接触熱でヤキバメのはずれることはありうることであり、監督に何の落度はないので当方は平気なもの。幸にも運び入れたジャッキ一台の増加でどうやら修理も終った。行啓時刻前であったが、牛糞が残ったくらいの不始末であった。どうやら青山通りに出たが市電の間引き運転の程度で辛うじて渋谷駅に到着した。筆者は別に困りもしなかったし、始末書を書けという署の係官の言葉にも従わなかった。これでホッと胸なでおろしたのはおそらく署長であったろうと思った。

このような夜間運搬は数日続いた。雨の夜もあった。筆者は昼から夜へかけての過労働、さすがに体にこたえたのか肺炎となってしまって十数日の休養を余儀なくされた。搬入されたクロマツは大小四七五本、前記町村からの献木を併せ約二、〇〇〇本、風致木として十分の数量となった。移植の費用約一万円、今日では何でもないが当時としては異数の大金とされたものである。

（八）　協議は現場でまとまる

境内造成上の実施原案は多かった。多くは調査会時代に決定され、造営局に移されてのちは実施に移しうるものもあったが、もとは内務省において机上で論議されたものも多く、そのまま実施にうつし得るものばかりではなかった。そこで重ねて協議の必要も少なくなかったが現場に机を持ち出し、そこで協議すると早く決定もするし、能率的であると係りのものに聞かされていた。現場協議といっても、われわれ下役のものが参加できるわけではないし、発言もできない。ただ縁の下の力持ち、寸法を測れとか、何とか指図をうけるだけである。しかし見ていると現場というものの力強さがよくわかる。技術の成否を教えるものは現場という教師である。一言居士や議論家が多くても現場という鶴の一声で早くも決定されてゆく。

土木工事の大宗（たいそう＝おおもと）は何といっても土塁と参道である。前者については代々木練兵場寄りの境界線上にムクノキ・ケヤキの大木が多く、これが土塁工事に大きな障害となった。伐採か、移植か、或は石積で囲いこむか。こうした決定は物を目の前に見る現地協議で判定が容易に進行した。土木側としては全部取り除いてもらいたいと願うのは無理もないことであった。しかし現地で生きものの生命がいかに大切であるかを説明してゆくと、工費上、手数上、面倒が多いにもかかわらず、快く林苑側の意見を容れてくれ、大木を助けたのである。（別項参照）

参道工事についても同様、何回か現場打合せ会が開かれた。『明治神宮造営誌』に示されているような調査会当時の工法は改められ、現在のような単純な形式がとられた。道幅は南参道八間（一四、四m）、正面参道一〇間（一八、〇m）、北参道六間（一〇、八m）、西参道四間（七、二m）。特に正面参道西側の緩衝地帯の意味をもつケヤキ並木植栽案など異議なくまとまった。参道一般について道幅、勾配、排水路、左右の法肩《のりかた》などの細部、正面参道の桝形新設などについては大江技師が他の官国幣社の実例を挙げて力説したことは協議のまとまりを促し、筆者にとって大江技師がいかに多くの神社を実際に調査しているかの実証となり教えられるところ多く、後年筆者が神社、陵墓等をさらに徹底して調査することの必要性を認めさせてくれた。

建築については御敷内のアカマツの疎林がいつも問題となった。この位置が御敷地とされることには何人も異存はなかったが、できるかぎり建物の配置上アカマツの犠牲を少くすることが林苑側の希望であった。そこで建物全部の配置図を薄紙に

社殿敷地のアカマツの疎林（南口より北方向を望む）

社殿敷地内のアカマツの移植

社殿敷地内のアカマツの移植（立曳法）

写しとり、これをマツの位置図の上にのせ方位だけを合わせ少しずつ動かしては犠牲となるマツの数を読み、その最少の位置を割り出したものである。こうまでしてマツの保存をはかったのである。建築側の参事であった佐野教授は社殿の基礎となるコンクリートの担任者であったが、以上の林苑側のこまこましいやり方を見て、「マツは全部伐採し、あとから必要なところに若木を植えつければよい」と口をすべらし、川瀬参与の激怒を買ったことも記憶している。林苑側のこの処置案はここで決定された。建物に当るマツは移植の不能のもの、衰弱のものは伐採、

既存のアカマツを生かし一部移植して建てられた正殿（南神門より望む）

既存のアカマツを生かして建てられた拝殿

他はなるべく移植することとした。なお東北の一隅を鬼門除けとして掻きとることは伊東参与の説明で可決していた。このためそこに生育していた数本のアカマツは助かることとなった。

御敷地建物の配置は南北に並ぶものが主要のもの、仮に中心に南北線を引いて見ると南から鳥居、神門、拝殿、中門、本殿、廻廊の順となる。これらの高さは違う。この側面の姿を今日の東参道に正面参道をおき、参拝の時目に入れるようにしたいと望んだのが伊東参与の原案であったが、間接に聞くところによれば大隈会長初め不賛成の人も多かったので現在のように南方に正面参道を設けるよう変更になったという。もし伊東案が実現していると仮定すれば正面参道は北寄りに移り、短くなり、かつ桝形などは設けられていない。

この頃は日本は軍国時代、陸軍の側からは境内造成に希望というよりは要請が出ていたと聞いている。それは神社に正式参拝の場合、軍人については参列の兵員が伴なうものであり、社格によりその員数が定まっていた。例えば一小隊、一中隊の参列といったものであるが、それだけの兵員の数が御敷地に収容されなければならず、それに応ずる広さも要求されていた。六、五〇〇坪(約二、二ha)という広さは官幣大社として定められたのである。また儀仗兵が騎馬にのり、道の両側を行くのだが、兵のもつ槍は地上十三尺（約四、三ｍ）であり、これは曲げることをゆるされないので路傍の樹木の下枝の高さに注意されたいといったようなこともあった。

（九）樹木についての実験

今日でも樹芸界のことで解決のつかない問題は多い。大正時代のこととて現在以上わからないことが多かった。それらは文献や書物の力に待つものではなく、現実に試験や実験を行なわなくては理解できないものが少なくなかった。筆者は境内林造成は神社の尊厳寄与を第一義とすることは十分認識していたが、この千載一遇の好機は併せて樹芸学上の疑問解決にも役立つものと確信していた。さればこそ林業試験場への就職を見送り、学究生活も捨てて神宮への職を選んだのである。

第一に気がついていた疑問はイチョウのことであった。種子には二稜のもの、三稜のものがあり、前者を播けば雄株、後者を播けば雌株が出ると、或はこの反対を説く人もあった。古老の言はまちまちであった。また接木するに台木の雌雄により成木は定まるもの、穂の雌雄に関係ないという。或は開花前に雌雄の判別はできるという説、できないという説など、百家争鳴とはこれをいう賑やかしさてあった。以上は実際に種子をまき、接木を行なえば年月を経たのちに証明されるはずである。幸にも北参道入口に雌木があり、毎年秋には多量に結実する。恵まれた材料である。

大正四年（一九一五）の秋この種子を集めて実験にかかった。量は炭俵に半分以上、鼻もちのならない悪臭であったが選別の結果、個数として二稜もの八〇％、三稜もの約二〇％、四稜も少数はあった。そこで各々同数を選び、かなり多量を境内西側の苗床に播いた。同僚のものはこの仕事の意味を知っていた。いつとはなしに上司の耳に入った、上司に呼ばれ何をしているかと問われたが、いい加減な返事をしてごまかせばよかったものを、うかうかと実験の重要性を強調したのであった。これがいけなかった。課長から「ここは林業試験場ではない」と、いや味の一言が返って来た。そこでこの仕事は上司の了解は得られないと直感した。職務には神経質なほど忠実である課長の性質としては無理ならぬことであった。折下技師は知って知らんふり、取りなしてもくれない。さようなこととは露知らぬ種子は翌年発芽して勢よく伸びていった。

また献木搬入が始まってからである、全国各地から到着する樹木の根の土を少しずつ集めれば居ながらにして各地の土の標本が集る。絶好の機会である。蒐集癖の強かった筆者の気持がここでも現われた。しかしこの場合には容器が必要、それを買ってもらえる予算があるわけはなく、まだ言い出していや味をいわれるのは必定だった。さりとて自費で買入れるには余りにも薄給の身分。思いあまって大学教授に相談したが課長を推挙し、その性質を知っている教授のこと、一言で断わられた。あとで考えれば大学の土壌学研究室に申し入れればよかったと思う。もちろんその頃は東京農大を知る由もなかった。仕方がないので境内の孟宗竹を切り、節止めとして筒切り、これを容器代りとし、荷札で所在地名を縛っておいた。困ったことがもう一つ、それは数が多いので置き場の苦労、マッチのペーパー集めのように簡単にはできない。置き場で行きづまり、この初一念（しょいちねん＝最初の決心）も断念して土とともに捨ててしまった。

第三には献木及び境内樹木の腊葉（さくよう＝押葉）標本の作成、手初めにやっては見たが作成の手数が容易ではない。忙しい毎日にここまで手は廻りかねるので記録にとめるだけでこれも中止。この方は他に代用があるので惜しいとは思わなかったが、のちになってせめて台湾、朝鮮のものの腊葉だけでも作っておけば今日大いに役立ったであろうといささか残念である。

以上みな中止の連続、筆者の欲張りすぎた結果である。もし反対にこの場合、上司が樹木実験に興味があり、ハッパをかけられていたらどうであろうか。樹芸上或は役立った結果が生れたかもしれない。上司と意見が合わないといったことではなく、何となく現場の空気が自分には向いていないと覚った大正七年（一九一八）、三年間の業績を顧みながら悔いなく退職した次第である。歴史を作るものは人であるということを意識しながら大学の研究室に戻ったのである。

数年前（昭和三〇年代後半）、神宮境内樹林の当面の管理者であった田阪美徳氏は、神宮外苑のイチョウ並木の記事を公表したことがある。同氏はこのイチョウは氏の上司であり先輩であった折下技師が養成したものであると述べているがもちろんそれもあろうが、大正四年（一九一五）播種した前記筆者の手になる苗木はどうなったのであろうか。同七年（一九一八）以後直接それに関与していない筆者の知るところではないが、あの多数の苗木の行方はどこであろうか。ひそかに思うに折下氏培養のものは或はこの苗木ではなかろうか、そうとすれば実験は姿をかえて別の意味で成功している。それを実証するものは外苑並木の樹齢にかかっている。

(十) 水流の景石

境内で水流護岸の石組とされるのは、宝物殿前の池泉と神橋下渓流の二箇所である。前者には直接関与していなかったので記録をもたないが、後者には深い関係がある。由来神宮境内の石組には諸説があった。その一つは旧式な考え方である。すなわち、いやしくも神宮である以上最高級の石質のものを使うべしとする説。例えば伊予青石、一歩譲っても関東なので秩父青石を使うべきという説である。林苑課技術員のなかには実際家あがりの経歴の持主が何人か居たが、皆この説に賛同して一歩も譲らなかった。しかし極めて多量の石を要し、かつ直接石に面して観賞するわけではなく、遠くから眺めるものなのである。色の美しいものを必要としない。景石と組石とを混同してはならぬ、というのが学校出技術員の説で双方相反していた。一歩を譲り青石としての所要金額を算出して見たところ驚くべき高額、当初の予算の数十倍もかかる。しかし青石説を奉ずるものはその予算を請求すべしとして課長に進言した。かかる予算が通るわけもないし、課長が提出するはずもない。

われわれの主張は、この渓流は今でこそ橋上からよく見えるが将来は樹枝により

神橋下渓流の石組

妨げられ、近よって観賞するものでもないから個々の石を問題とすべきでなく、全体としての組石であり、組み易く、堅固に、周囲の環境と調和すればそれで足りる、神宮なるが故に高級石質を用いるという理由はないと一線を画して反対した。課長は板ばさみとなり困った、技師も判断を渋った。そこで課長は筆者を呼び、何とかして安価で問題のない庭石はないかと相談をかけられた。石のように価格の割合に運賃の高くつくものは手近の地方で求めるのが原則である。そこで東京を中心とする庭石の物色を始めた。秩父石は前述のとおり除外したため、残りは甲州石、相州石、伊豆石であるが、以上はいずれも浜石か海石か河石で不合格。房州石、大谷石は不適格。クロボクは安価だがそれこそ神宮に用いられる石質ではない。そこでふと、頭に浮んだのは曾遊（そうゆう＝以前訪れた）の地、筑波山である。

この山には石が多かった。私鉄ではあるがとにかく鉄道はあり、その駅近く、道傍、耕地のなか、至るところ大石が面《つら》をのぞかせている。耕作、交通にこれは一大障害物であるが、ただし取り除くことは容易でないし経費もかかる。石質は花崗岩、黒味を帯びガマの背のようにイボは多いが良質である山石、沢石であり、山中に入ればいくらでもある。しかも都合のよいことにその附近は国有林であるはず。どの条件を見ても当局にとって不利なものはない。障害物を除いてやれば地元は喜ぶであろう。輸送には鉄道があるし、土地は国有であり、おそらく価格は問題ではなかろう。課長も前歴は高知大林区署長（今日の営林局長）万事OK筆者はこのことを語り、早速にもここの管理である東京大林区署に交渉をされては如何とつけ加えた。課長はこの言を噛みしめて喜んだが一つ不安があった。それはこの石がここの石組に適するかどうかという点であった。そこで筆者は適格無二であること、いつでもそれにには責任を負うと言明した。その裏には筆者がこの山中に無数の石があることを見ていたし、形は自由に選べるという自信があったからである。ただ石質についてはそれほど大きなこと言えるほど自信はなかったが行きかがり上こうなってしまった。この言を聞いて初めて課長は喜びの色を顔に出した。思えば課長にとって自分はよい部下であったのだが、どこも前世の宿縁でしっくりといかない点もあった。

そこで課長は自分の思いつきのような顔をして参与、局長に相談したらしい、官庁の間の交渉とて万事円満に進行したらしい。交渉の次第など下っ端役人の筆者の耳に入るはずもない。交渉のまとまりはのちに原宿駅から引込線を通じ、筑波鉄道の貨車が石を積んで入って来たので初めて知った次第である。もちろんいつでも受入れられる用意はしておいた。それは大正六年（一九一七）、庭石として初めて東京入りしたそもそも第一号である。これ以前、この石が東京で用いられたことは（少数は別として）ついぞ聞いたことはなかった。大きなことをいうようだが筑波石に庭石としての折紙をつけ、東京その他に需要の道を開いた来歴はかく申す筆者の口添えであった。筑波石の恩人であり、記念碑くらいは建ててもらっても罰は当るまい。

神宮のおかげをこうむり、その後この石は急速に需給された。現在では手近かなところにあったものは取りつくされ、山奥に入らなければ良質のものは見当らない。一個の石としては色では青石に劣るものの、組石としては関東産庭石のなかで最良とされている。これを見て気持ちをわるくしたのは青石論一派の人たち、もちろん筆者の進言と知る由もなく、課長としても部下の言を容れたなどとは口が裂けてもいうはずはない。上司の方でこの石と定めたのなら仕方がないとあきらめたらしい。当の火つけ役である筆者を前にして、よほど気に入らないらしく「私はやめさせてもらいます」といって辞表を示したのは井沢杉菜君一人であった。信念に忠実な職人気質の人として今でもその人を尊敬している。その原因が筆者にあるとわかったならば、やみ打ちにでもあったかもしれないが、まずはわかるはずなしと、たかをくくって平気でクラヤミも歩いていた。万事やむを得ない成りゆきであった。

この渓流工事で石組の工法も修得した。思えば境内造成の現場は筆者にとって、かけがえのない親切な教師であったといえる。ここに使われた筑波石の総量は四九〇トン、大形のものは長さ三mもあった、一五トン、一二トン各々一個、七〜一〇トンのもの一二個、三〜五トンのもの二一個、一〜二トンのもの五五個、一トン内外のもの一五五個、その他大小合せて二〇〇個、小形のもの約一、〇〇〇個と記録されている。

このあと、年代は不明だが港区葺手町の実業家田中平八郎氏の庭園に貨車で六〇〇台も搬入された工事があり、これ以下のものは各地に見聞している。

(士) 造園界への影響

境内林造成の仕事は、黎明期《れいめいき》にあった日本の造園学界、及び造園業界に画期的な寄与となった事実を見のがすことができない。これ以前にも大きな造園工事はあったろうが全国民の関心の的ではなかった。その意味でこの工事は前代未聞の大業と称してもよい。試験として行なったわけではないが、通常移植困難として見合わせるか、伐りすてる樹木、すなわちサクラ、スギ、モミ、クヌギ、コナラの大木、或は根づき不良、活着困難なヒノキ、サワラなどの移植も敢行された。移植可能なものも種類多く行なったが或るものは根廻を行ない、或るものは直接移植して見た経験がある。これらの予後における経過は一々綿密に記録された。種類の多いこと、本数の豊富なこと、季節、工法の変化あることは特徴とされる。とにかく約一六、〇〇〇本を取り扱っている、機械力のなかった頃のものとて今日参考にならぬものもあろうが、再び得られない実績である。

その他植栽、配植、剪定、保護などにわたり、樹芸上からいって江戸時代から伝わった各種の工法が行なわれた。当時は病害虫は少なかったし、公害などは問題ではなかった。また事業の性質上増殖法には及ばなかったが、まず樹芸全般にわたったものである。

以上主として構内で実施されたが、これに加えて構外からの運搬もあり、別項述べたように都市内の運搬事業さえ行なわれた。行なわれなかったのは渡船作業くらいなものである。交通事情が現在のようになった今日では再び実現できる工法ではない、全く貴重な資料はここで得られたのである。

さらに造成事業が大きな波紋をまきおこしたのは東京における造園業界である。今日これはといわれる大きな業者、会社の祖先は多少の差はあるにしてもこの仕事に何らかの関連をもっていた。これに加わらないと肩身のせまい思いをしたものである。また労役についた庭師、植木職は東京府市、隣接町村、近県から集まった。地元の関係上、代々木附近の山の手の業者が多かったが、ついでは三河島、根岸方面のものがいた。単独の者、或は○○組の身内のものもいた。これらのなかには神宮工事終了後次第に頭角を現わし、独立した業者となり、或は会社組織として社長におさまったものもいる。現在堂々たる会社で、今日の社長の祖父に当るものが当時の植木職であったものも十数社知っている。

以上の植木職は各地で仕込まれていた。その場所に差異はあっても東京府内、また技術上から見てもそう大差ありとは思えなかった。ただ仕込まれた土地の土質の差が大きな技術上の差別となった。大別すると山の手地区では赤土、クロボク土、下町へ向うと乾いたヘドロ、粘質の多い荒木田土。一転して品川、大森へ向うと砂質分が増加し、西向して玉川近くになると礫質に富んでくる。地下水の高いところ、低いところ、風の強いところ、少ないところ、同じく東京でもかくの如き差がある。それが原因となって樹林の取り扱い方に差異を生ずる。

それらにもとずく一つの挿話がある、学校出たばかりの弱輩にとってにがい経験であった。それは初めから植木職のなかに二派あり、一つはカシ、マツ等の移植に当り、根廻不要論を説くもの。直接移植してよいという、根廻しても新根の発生を見ないという。これを仮に甲説とする。これに対し、反対を唱え、必ず根廻を行うべしとする一派、これを乙説とする。それは大正五年(一九一六)早春の話、もちろん乙説の方が多かったし、われわれは両説に関係なく根廻を行なっていた。甲説にも有力な庭師がいた。或る日、甲乙の両代表が筆者の室に来て、この両説いずれが正しいか判定してくれという。正直なところ実は学校でかかる講義をうけていなかったのでわからない、同僚も困った顔して誰もわからない。わからないと言うのは容易だが、それでは頼りにならぬ監督と思われるのがつらい。といって分った顔もできないし、いい加減な返事もできない、うそをいうのはいやである。知ったかぶりもできない。

せっぱつまってこう答えた。「そのことはよくわかっている――実はわかっていないのだが――ただし口で説明はできないから皆の目の前に生きた結果を示そうではないか」と。実行法はカシ、マツの類何本かを選び、代表の目の前で完全な根廻しを行ない、明年のその日、満一カ年ののち掘りあげて実験を行なうとした。植木屋の頭は単純なもの、双方快くそれを承引（しょういん＝承知）した。そこでこれ以上対談するのは危険と見て筆者は用にかこつけ室から出てしまった。そこで三月某日、約束のとおり根廻を行なった、初めから移植予定の樹であったから実験といっても無駄な仕事ではない。

あとで同僚からも質問されたが、「すべては明年」と相手にならなかった。それからすぐ手当り次第に書物をさぐり出し、その解決を求めたのだが、根廻しの可、不可より根廻しそのものの記事はついに一つも見当らなかった。これでは筆者も明年を待つより方法がない。

待ちあぐんだその日は暦のとおり到来した。幸にも晴天、微風。結果は如何、根廻しで発根することは知っていたが、出ない場合があるだろうか。施術の樹を囲み、

根廻したクロマツ１年後の状態（『樹木根廻運搬 並 移植法』第７図）

根廻したアカガシ１年後の状態（『樹木根廻運搬 並 移植法』第８図）

一同集まった、同僚も見に来た、根は掘りさげられた。現われた根を見てまず奇声を発したのは甲説の人。それもそのはず、直根、側根の区別なく、切口周囲〇、三～〇、六mのものから発根は密生。その根の長さ〇、二m以上もある。消火栓から水の吹き出すような勢で伸びている。甲説は完全にお手あげ。乙説のものは当り前といった顔をしている、勝負はついた。そこで寸法を測る、写真をとる、根の数を数える、根は切りとり標本として大学林学教室に寄贈した。

要するに両説ともに正しいのである。ローム質の地なら発根が当然、砂礫地では発根が少いか、全然発根しない。筆者は甲説の根拠について聞きただしたところ、いずれも砂地で仕込まれた植木職であることが判然した。（大森辺の海岸育ちの植木職であった）砂地、礫地、潮入地、深根地ではクロマツは根廻しても発根に乏しいことが判然した。全然発生しないとはいわないが少ない。アカマツの方はいっそう少ない。これは後日筆者が静岡県三保松原で某旅館の庭園施工の監督をした時に大いに役立ったし、また実証を深めたことでもあった。前記実験の際、埋戻しの時或る樹木に砂礫を用い、ローム質を避けて見ればよかったと後悔したものである。とかく下司《げす》の知恵はあとから出るもの、お恥しい次第である。

以上根廻しの話を長々と書いて恐縮しているが、このほか植木職の要請にもとずき肥料として燻炭（くんたん＝もみ殻の炭）を用いて、いちじるしい効果を挙げたこと。川芎《せんきゅう》（セリ科の多年草）を用いて肥培し、これも効果の多かった話がある。さらに幹巻、剪定、灌水などの実験談もあるのだが、ここは林業試験場ではないのだからすべて省くこととする。

(土) 神宮境内林の現況

以上、長々しく過去の事績を述べたが、ここで造成から五〇年を経た明治神宮の現在（昭和四五年・一九七〇）の状況を記述して結論らしいものに代えたい。神社境内というものは庭園でも公園でもない、それらと同一に取り扱うことは一一仮に一部分共通点はあるにしても一一邪道である。樹林に富むからといって林業や林学の対象とするものでもない。林産物を収益とする社有林だけがこの範囲に入る。神社境内及び境内林は造園計画の一つの部門であり、他国に例のない独特の造園領域である。日本式庭園、神社境内及び陵墓は日本の誇るべき造園の三大領域である。神社は大戦終了ののち一つの宗教団体と目され、かつこれを維持すべき財源がないために、殊に都市内の神社は櫛の歯の折れるように一つ一つ荒廃してゆく現状は、神社林を終世の研究対象としている筆者にとって耐えがたい悲哀なのである。

昔の神社には社殿なく、樹林をもってこれに代えた。神社と書いてモリと読ませた例は万葉集にある。祭神を祭るべき本殿を欠き、樹林そのものが神聖な神座であった。いわゆる神体林神社であって大和の大神《おおみわ》神社、信濃の諏訪神社（上社）武蔵の金鑽《かなさな》神社の三社が旧官社として特出したものであり、社格が下ればこの他に多数ある。これらの神社で一見して本殿と思われるものは拝殿、祝詞《のりと》屋にほかならない。

神社参拝ということは観光や休養の心持ちで行なってはならない。またそういう気持ちを起させるような環境、施設であってはならない。幸にも今日の崇敬者はかかる浮ついた心境をもっていないこと十分に認められる。人の気持ちは環境に支配される、敬虔、尊厳といったところでそれをかき乱す周辺の事情があってはその心懐（しんかい＝思い）に達し得ない。神社の森林はこの目的に添うよう存在するのである。かつその目的を果すよう保護され、管理されなければならない。休養を本位とする公園林、観賞を目標とする庭園林とはそこにおのずから差異がある。もちろん若干の共通点が樹林にあることを否定はしない。

明治神宮の境内林はこうした理想を追及し一九二〇年の昔に造成され、保護、管理の対策宜しきを得たがために、永年を経た現在にあっても樹林存在の指標は微動だにしていない。それは当局の努力もさることながら、国民の心理も手伝っている。その理由として挙げることはここが神社であることを深く認識しているからである。もし公園であったならばこれほど樹林は整備されて来たかどうか疑問であろう。清浄に保つ、神聖を汚さない、このことが国民の頭にしみこんでいる。このことは同じ庭園であっても京都の離宮庭園の例でわかる。新宿御苑が昔の時代、宮内省の直属で公開していなかった時と、現今の状態とを比べて見ると荒廃の程度にははっきりとした差があるのを知る、一つの反証とされる。

第二には当時の造成計画が合理的であったことによる。その一つは面積が広大であったこと、二つには植栽樹種に誤りがなかったこと、強いていえば神社林の目標がこの土地の原始林形を永遠の目標とした点にある。「永遠の杜」をめざしたことである。それなればこそ今日でも公害の及んでいる範囲がきわめて少ないといえるのである。先見の明とはこれをいう。東京でこの樹林に匹敵するような貴重なものを他に求めるとすれば、国立科学博物館附属自然教育園一つあるのみである。神宮林におとらない樹林であり、保護対策に力を致し、制限公開を行なっている点はまことに心強い。

以上、要するにこの境内林は日本における神社林、境内の最高の模範とすべく、都市内における樹木の取扱法としても規範として第一位にあり、学術上からも貴重な文化遺産である。ここは神社であり、境内であるが、樹林処理の方策は公園林としても或る程度の共通点がある。もしわれわれの先覚にしてもこのような施策をもって過去に公園をつくっておいてくれたならば、現在どのくらいその恩恵に浴したであろうか。公園に対する認識を誤ったものと断言するに憚《はばか》らない。さればこそ、外国都市における公園の実例にくらべ、樹林の在り方に関しては勝るとも劣らないのが、この明治神宮の杜、境内林である。

二度とつくり出すことのできないこの至宝の樹林を「永遠の杜」として受け継いでいくため、子孫のためにこれ以下の状態で遺すことは恥じなければならない。

国民の精神教育、学術上の看点、あらゆる点からいって崇敬者はいうまでもなく、一般大衆はこの杜を永遠に、完全に護るべき重任を負わされているはずである。後世のためにこの責務を果しうるよう、今再び、神前に誓うべき心境を持つべきではあるまいか。

合掌

跋　東京高等造園学校の創立

『人のつくった森』増補改訂版は、東京農業大学地域環境科学部造園科学科の、創立九十周年を記念した二〇一四年の刊行となる。東京農大造園の前身、東京高等造園学校は一九二四年に上原敬二博士を初代校長として創立された。

「永遠の杜」、明治神宮鎮座は一九二〇年のことだった。本書を通読して理解されることは、造園史の観点から、造園技術の実践とその研究蓄積の現場として明治神宮の森がある、ということである。この「人のつくった森」の経験に、一九二三年に首都圏を襲った関東大震災からの復興事業への人材的貢献が加わり、時代の要請とも相まって、我が国初の造園教育の専門機関「東京高等造園学校」が設立された。

上原敬二博士は造園学の観点から「永遠の杜」づくり（明治神宮の森の造成）にたずさわり、その後すぐに、同じく造園学の観点から「造園家」づくり（東京高等造園学校の創立）を実践したのである。そして、日本造園学会の設立（一九二五年）にも深く係わることになる。明治神宮の森づくりに実践された上原造園学はその後、東京高等造園学校から東京農業大学地域環境科学部造園科学科にいたる、九〇年を迎える造園教育の歴史の中で、一万人以上（高等造園五一二名、農大専門部四八三名、農大学部一〇一七九名）の卒業生によって社会に還元されていった。

増補改訂版の最後に、上原敬二博士が創案した「東京高等造園学校創立主旨」と「教授要項」をここに掲載して、今に生きる、そして永遠に続くべき「造園家教育」のあるべき姿を記録しておきたい。

「東京高等造園学校創立主旨」　大正十三年四月

海外諸国においてはすでに造園に関する技術を修得する機関として専門学校の特設を見ること久し、しかるに我国においてはその必要を唱導すること数年の久しきにわたるも、未だその創設を見ず。しかも時世の進運、社会の欲求はついに這般（しゃはん）の方面に及び日に日に痛切を加えつつあり。

茲（げん）に本校は時世に鑑み新興学術の研究と欠如せる造園技術者の養成とを目的とし最も新しき教材と教育方針の下に、斯界の権威者たる専門家を講師として招聘し、目下創業匆々（そうそう）に際し二か年をもって専門教育に従事せりといえども近く三か年の課程に改め専門学校としての内容充実を図り所期の目的を達せんことを期す。教授は公園庭園、住宅、園芸、都市計画、田園都市、土地経営、建築工芸の全般にわたり、技術家としての必修の学術技芸を授け新しき領域を開拓して社会に貢献せしむるを理想とし、一つは時世の要求に応じあわせて新しき使命を奉じ、国家の文化的発展に資せんとす。

大正十三年四月

本校教授要項

・本校は詰め込み主義を排す
・本校は生徒の自由自習を尊重す
・本校は教授よりも指導に重きを置く
・本校は生徒の個性発達に重きをおく
・本校は学と術の並行を期す

本校教授要項

▽本校は詰め込み主義を排す
▽本校は生徒の自由自習を尊重す
▽本校は教授よりも指導に重きを置く
▽本校は生徒の個性發達に重きをおく
▽本校は學と術の並行を期す

創立主旨

海外諸國に於ては已に造園に關する技術を修得する機關として專門學校の特設を見ること久し、然るに我國に於てはその必要を唱導すること數年の久しきに亘るも、未だその創設を見ず。然も時世の進運、社會の欲求は遂に這般の方面に及び日に日に痛切を加へつゝあり。

茲に本校は時世に鑑み新興學術の研究と缺如せる造園技術者の養成とを目的とし最も新しき教材と教育方針の下に、斯界の權威者たる專門家中の專門家を講師として招聘し、目下創業匆々に際し二ケ年を以て專門教育に從事せりと雖も近く三ケ年の課程に改め專門學校としての內容充實を圖り所期の目的を遂せんことを期す。教授は公園庭園、住宅、園藝、都市計畫、田園都市、土地經營、建築工藝の全般に亘り、技術家として必修の學術技藝を授け新しき領域を開拓して社會に貢献せしむるを理想とし、一つは時世の要求に應じ併せて新しき使命を奉じ、國家の文化的發展に資せんとす。

大正十三年四月

「東京高等造園学校創立主旨」と「教授要項」（大正 13 年 4 月）

◎著者　上原敬二　年譜（主要作品を含む）

（明治）一八八九年二月五日　東京市深川区富岡門前町十九に父・安平、母・つねの次男として生れる。

一九〇八年　三月　東京府立第三中学校卒業
一九一一年　七月　第一高等学校大学予科卒業
　　　　　　九月　東京帝国大学農科大学入学
（大正）一九一四年　七月　東京帝国大学農科大学林学科卒業
　　　　　　九月　東京帝国大学農科大学大学院入学、森林美学専攻
一九一五年　五月　東京帝国大学農科大学大学院退学
　　　　　　〃　明治神宮造営局技手任命さる。
一九一八年　五月　明治神宮造営局技手依願免官
　　　　　　六月　東京帝国大学演習林事務を委嘱さる。
　　　　　　七月　上原造園研究所創立
　　　　　　九月　東京帝国大学大学院再入学、造園学、樹木学、建築学専攻
一九一九年　四月　東京農業大学講師を委嘱さる。林学担当
　　　　　　七月　甲陽園および遊園地設計（兵庫県、一九二一年九月まで継続）
　　　　　　〃　日本ライン風景地計画（犬山市）
　　　　　　〃　定光寺公園計画（愛知県）
　　　　　　〃　東京帝国大学大学院退学
一九二〇年　四月　『神社林の研究』論文によって文部大臣より林学博士学位授与（旧々学位令）
　　　　　　七月　東京帝国大学演習林事務嘱託を解かる。
　　　　　　〃　東京農業大学講師解嘱

一九二二年　七月〜一九二一年十一月　造園学研究のため欧米留学
　　　　　二月　東京帝国大学講師を委嘱さる。森林経理学担当
　　　　　七月　東京帝国大学講師辞任
一九二三年　二月　内務省都市計画局公園事務嘱託となる。
　　　　　三月　内務省よりアメリカ合衆国および英領カナダにおけるナショナル
　　　　　　　　パークの施設に関する調査を委嘱さる。
　　　　　四月〜七月　アメリカおよびカナダに出張
　　　　　七月　菅ノ台遊園地設計（駒ケ根市）
　　　　　十月　内務省嘱託を解かる。
　　　　　〃　　帝都復興院技師任命さる。叙高等官五等
　　　　　十二月　叙従六位
一九二四年　二月　復興院技師任命さる。（職制改正による）
　　　　　五月　復興院技師依願免官
　　　　　六月　東京高等造園学校設立、校長就任
　　　　　七月　東京市公園施設設計調査事務嘱託となる。
　　　　　十月　東京女子大学校校庭設計（東京杉並区）
一九二五年　四月　社団法人日本造園学会創立
　　　　　八月　麓山公園設計（郡山市）
　　　　　十二月　社団法人日本児童遊園協会創立
　　　　　〃　　副業博覧会場庭園設計（東京上野）
（昭和）一九二六年　七月　亀崎公園・高根公園設計（愛知県亀崎町）
一九二七年　二月　枡形山公園設計（神奈川県）
　　　　　三月　ハワイにおける国立公園施設の調査およびアメリカ政府主催の汎太
　　　　　　　　平洋学術会議に政府代表として出席することを委嘱さる。
　　　　　〃　　農林省よりハワイにおける熱帯林調査を委嘱さる。

四月〜七月　ハワイに出張
一九二八年　六月　アメリカ国立公園局長より日本国立公園情報事務を委嘱さる。
〃　伊豆大島全島風景地計画
三月　大礼記念博覧会場庭園設計（東京上野）
七月　平沢公園設計（秋田県平沢町）
〃　至聖廟庭園設計（長野県上伊那郡）
十月　大礼記念博覧会場ならびに庭園設計（静岡市）
十一月　烏森小学校大礼記念園設計（東京目黒区）
一九二九年　八月　八尾公園設計（富山県八尾町）
一九三〇年　五月　徳島県庁前庭設計
五月　法政大学総合運動場設計（東京喜多見）
〃　朝鮮総督府より金剛山保勝経営に関する調査を委嘱さる。
七月　東京市嘱託を解かる。
〃　茨城県立大洗海岸公園・筑波山公園設計
八月　金剛山風景計画、平壌牡丹台公園改造計画、京城府庁前広場設計、
朝鮮総督府後庭改造設計（朝鮮）
一九一三年　一月　八木小型ゴルフ場設計（東京芝）
二月　早稲田ゴルフクラブ設計（東京早稲田）
三月　東京高等造園学校長辞職
一九三四年　四月　笠間神社神苑設計（茨城県笠間町）
一九三六年十一月　杉生村分譲地自動車路網設計（大阪府）
一九三七年　九月　朝鮮京城府より公園計画に関する技務を委嘱さる。
〃　白川温泉地総合計画、京城府総督府博物館庭園設計、京春鉄道退渓
院遊園地設計（朝鮮）
十一月　不二島遊園地設計（和歌山県白浜）

十二月　香里住宅地路網設計（大阪府）
〃　あやめ池遊園地改造設計、生駒山上遊園地計画（奈良県）
一九三八年　三月　日本造園士会創立
〃　貝塚町都市計画公園設計（大阪府）
六月　玉屋ビル付属庭園設計（大阪市）
六月　京城府朝鮮総督官邸内自然林設計（朝鮮）
八月　元山府防空林計画、元山海水浴場計画、仁川公園計画、咸興府公園設計、興南邑公園ならびに衛生保安林計画、赴戦高原風景地計画（朝鮮）
九月　京城府半島ホテル屋上庭園設計（朝鮮）
十月　興南邑事務所庭園設計（朝鮮）
一九三九年　七月　興南神社神苑設計（朝鮮）
八月　日本製鉄職員クラブ庭園・御傘山神社神苑設計（室蘭市）
〃　清津市日本製鉄工場構内設計（朝鮮）
〃　汽車製造株式会社工揚設計（東京深川）
九月　鐘紡工場緑地計画（長野県丸子町）
一九四〇年　三月　関東小学校記念庭園設計（岐阜県関町）
〃　上海海軍陸戦隊表忠塔記念公園計画参加
五月　陸軍病院庭園設計（広島市）
〃　茄子平公園設計（福島県）
六月　東小学校校庭設計、大垣公園改造計画（大垣市）
七月　二本松城趾公園改造計画（福島県）
十月　明治小学校行啓記念碑設計（東京深川）
十一月　上野公園虚冲軒記念碑設計（東京）
〃　清澄山日蓮上人開宗碑石庭園設計（千葉県）

一九四一年　二月　緑風荘庭園設計（岐阜県美濃町）
〃　越中島君ケ代発祥記念碑設計（東京深川）
二月　誕生寺境内改修計画、日蓮上人記念公園設計、立正大師霊蹟顕彰計画（千葉県小湊）
〃　日本精工社工場設計（岐阜県関町）
三月　清澄山道善房墓碑計画（千葉県）
四月　広島市庁舎前庭設計
〃　清澄山旭森霊蹟地設計（千葉県）
八月　田中家記念碑設計（山形県銀山温泉）
〃　東京電灯信濃川発電所防空計画（十日町市）
〃　研磨会社前庭設計（京都市）
九月　護国霊園外苑設計（大垣市）
十一月　横須賀海軍機雷学校校庭設計
〃　日本製鉄桜山貯水池・京見職員社宅地・京見会館庭園・所長社宅庭園・夢前会館庭園・病院および浴場の庭園設計（兵庫県広畑）
十二月　陸軍経理学校庭祠苑設計（東京小平町）
一九四二年　二月　横須賀海軍工作学校校庭設計
四月　各務原飛行隊（中部第九二部隊）営庭設計（岐阜県）
八月　伊豆大島公園計画
一九四三年　二月　中島飛行機工場緑化計画（宇都宮市外）
〃　宇都宮市水道配水池偽装植栽計画
一九四六年　二月　内原国民高等学校女子部校庭設計（茨城県）
一九四七年　五月　賢島全島聚落計画（三重県志摩神明村）
一九四八年　四月　富士山麓八ケ岳山麓観光開拓計画
一九四九年十一月　林業試験場浅川支場本館庭園設計（東京）

一九五〇年　十月　関東学院大学講師を委嘱さる。
一九五一年　六月　志摩国際観光ホテル庭園設計（三重県）
〃　相模大山阿夫利神社境内樹木園計画（神奈川県）
七月　長岡ホテルベビーゴルフ場設計（伊豆長岡）
九月　芦ケ崎村養鱒場および遊園地設計（新潟県中魚沼郡）
一九五二年　二月　羽衣ホテル庭園設計（清水市羽衣海岸）
四月　錦ケ浦海岸施設計画（熱海市）
九月　近鉄生駒山遊園地シラカバ植栽計画（奈良県）
十一月　群馬県立農業試験場造園設計
一九五三年　四月　東京農業大学教授を委嘱さる。
六月　瀬田市総合運動場設計（滋賀県）
一九五四年　六月　東京農業大学農場ロザリウム設計
一九五五年　二月　江ノ島熱帯植物園温室設計（神奈川県）
五月　名栗白雲山公園設計（埼玉県）
一九五六年　五月　梅ノ木小学校校庭設計（東京北区）
一九五七年　三月　芦原べにや旅館庭園設計（福井県）
四月　船橋ヘルスセンター噴水設計（船橋市）
七月　富山市観光計画
八月　相模湖観光動態調査（神奈川県）
一九五八年　五月　佐倉市菖蒲園設計
七月　青森県浅虫夏泊半島観光計画
八月　三浦市観光計画
九月　大阪市営長居公園設計
一九五九年　三月　東京農業大学教授定年により解職
四月　東京農業大学講師を委嘱さる。

六月　弘前市観光計画
七月　丹沢山塊観光計画（神奈川県）
〃　馬事公苑前庭計画（東京世田谷区）
八月　三鷹市より都市計画委員会委員を委嘱さる。
〃　三鷹市水道貯水池構内庭園設計
九月　清流寺境内設計（八王子市）
十月　八戸市観光計画

一九六〇年
二月　妙見山法性寺植栽計画（東京江東区）
三月　浄光寺庫裡庭園設計（山形市）
十月　青森市観光計画
十二月　拓殖大学校庭設計

一九六一年
三月　神戸市垂水区グリーンセンター設計
〃　関東学院大学講師解嘱

一九六二年
三月　ヤクルト社須戸邸庭園設計（埼玉県豊岡町）
八月　富士見中学校石庭監理（埼玉県川越市）

一九六三年
三月　高岡市城趾公園改造設計
八月　大和田小学校石庭監理（埼玉県）

一九六四年
三月　玉川学園大学校庭改造設計
六月　西ドイツのカールスルーエ市長より同市の日本庭園築造を委嘱さる。
七月　駒ケ根市公園設計
八月　カールスルーエ市に渡航
〃　東南アジア諸国の造園調査に渡航
〃　鴻ノ巣中学校改造校庭設計（埼玉県）
九月　東京農業大学欧州研修団として渡航
十二月　ハワイ、アメリカの造園調査に渡航

一九六五牛　三月　北野神社神苑改造設計（京都市）
〃　台湾の樹木調査に渡航
四月　川口市グリーンセンター設計
六月　多摩工業高等学校校庭設計
〃　カールスルーエ市へ出張、同市公園改造施工監理
十一月　叙勲四等（勲四等瑞宝章）
一九六六年　〃　千葉工業大学並木植栽計画、同大卒業記念庭園設計
五月　西ドイツのシュツットガルト市における国際造園会議出席のため渡欧
〃　館山房総熱帯植物園設計、鋸山日本寺境内改造計画（千葉県）
八月　星野錦一旅館庭園改造（日光市）
〃　竹原市役所前庭内庭設計
〃　安達潮花案日本椿公園設計
〃　天寧寺青梅霊園設計（東京青梅市）
九月　西ドイツ園芸展名誉評議員を委嘱さる。
〃　台湾大学学生指導のため渡航
〃　台中市宝覚寺庭園設計（台湾）
十月　福島愛育園設計（福島市）
〃　小金井公園農家定式庭園設計（東京）
一九六七年　三月　エジプト、ギリシャ、トルコの造園調査に渡航
四月　カールスルーエ市日本庭園竣工式出席のため渡航
七月　南欧諸国造園調査に渡航
八月　三里塚御料牧場樹木鑑定（千葉県）
九月　高根沢御料牧場設計（栃木県）
一九六八年　二月　十国峠太平住宅分譲地計画（静岡県）
〃　安達花芸学園庭園設計（東京渋谷）

七月　造園調査のため渡欧
〃　ヘキスト会社庭園設計（西ドイツフランクフルト市）
九月　中野マンション中庭設計（東京中野区）
十二月　鋸山日本寺大仏尊前庭設計（千葉県）
一九六九年　七月　アメリカ、カナダの造園調査のため渡航
一九七一年　八月　アメリカ、メキシコの造園調査のため渡航
一九七二年十二月　名古屋テレビ、名古屋市クスノキ移植計画
一九七三年　八月　都留市役所前庭設計（山梨県）
一九七四年　六月　エジプト、南欧の造園調査のため渡航
一九七五年十一月　東京農業大学名誉教授の称号を受く。
一九七七年　九月　専念寺前庭設計（山梨県都留市）
一九八一年十月二十四日　東京都三鷹市新川三丁目二十一番十六号にて心不全のため死去。
享年九二歳。
叙勲四等（勲四等旭日小綬章）
叙従五位

以上約一五〇件のほか上原造園研究所創立以来今日まで、上原敬二設計・監理による個人庭園は九〇有余。

一九八二年五月　社団法人日本造園学会に上原敬二賞が設けられる。

◎上原敬二 著作（論文、小文は除く）

（大正）一九一八年	樹木根廻運搬並移植法	（嵩山房）
一九一九年	神社境内の設計及附図	（嵩山房）
	住宅と庭園の設計	（嵩山房）
一九二二年	わたり鳥の記	（新光社）
一九二三年	神秘境をたずねて	（新光社）
	林学教科書（上巻・下巻）	（甲子社）
	林学教本	（甲子社）
一九二四年	造園学汎論	（林泉社）
	国立公園の話	（新光社）
	木材尺〆材積計算便覧	（甲子社）
	ハワイ印象記	（新光社）
	芝生と芝庭	（甲子社）
	都市計画と公園	（林泉社）
一九二五年	林業の経営	（甲子社）
	万有科学林業編	（新光社）
	造園便覧	（甲子社）
	風景雑記	（春陽堂）
	造園樹木	（養賢堂）
（昭和）一九二六年	庭園学概要	（甲子社）
一九二七年	改訂樹木根廻運搬並移植法	（嵩山房）
一九二八年	庭木と庭石	（雄山閣）
一九二九年	和洋風庭園の造り方	（金星堂）

著作

一九三〇年	ベビーゴルフ	（春陽堂）
一九三一年	学校園の設計と造園法	（中文館）
	家の改造と庭の改造	（金星堂）
	趣味の庭造り	（金星堂）
	庭園の鑑賞と築造	（金星堂）
一九三二年	これからの造園	（金星堂）
	小庭園の園芸	（金星堂）
	新しき室内園芸	（金星堂）
	庭樹の知識	（博文館）
	日米の楔点　ハワイ	（先進社）
一九三四年	芝・芝生・芝庭	（明文堂）
一九三五年	造園植物大図説第一巻	（平凡社）
一九三六年	造園植物大図説第二巻	（平凡社）
	庭石と岩組	（成美堂）
一九三七年	造園植物大図説第三巻	（平凡社）
一九三八年	生籬と芝生	（成美堂）
一九三九年	庭園植物の害虫駆除（共著）	（成美堂）
	日本式庭園の作り方	（三省堂）
一九四一年	洋風庭園の作り方	（三省堂）
一九四二年	日本人の生活と庭園	（三省堂）
	応用樹木学（上巻・下巻）	（三省堂）
一九四三年	山林叙情	（新潮社）
一九四三年	建築材料としての木材	（新展社）
	日本風景美論	（大日本出版）
一九四四年	日本森林の性格と資源	（大日本出版）

挙国造林読本（大日本出版）
庭の科学・十二ケ月（新展社）
一九四五年 防空植栽法（自費出版）
一九四六年 芝（東京植木）
一九四七年 建築材料としての石材（新展社）
造林と造園（東洋堂）
一九四九年 風景読本（暁書房）
樹木ガイド（日新書院）
一九五〇年 杉の造林法（日新書院）
一九五一年 樹相ガイド（日新書院）
植樹と緑の国土（同和春秋社）
さくら（全日本観光連盟）
一九五五年 庭樹・仕立と手入（アヅミ書房）
一九五六年 学校園の作り方（恒星社）
一九五七年 庭木・挿木・接木・取木・実生（アヅミ書房）
ガーデンシリーズ／1小庭の作り方（加島書店）
一九五八年 ガーデンシリーズ／2庭石と石組、3飛石と手水鉢、
4石灯籠・層塔、5井戸・滝・池泉（加島書店）
一九五九年 樹木大図説第一巻、第二巻、第三巻、索引（有明書房）
一九五九年 ガーデンシリーズ／6芝生と芝庭、7垣・袖垣・枝折戸上巻、
8同下巻、9木柵・門・トレリス（加島書店）
一九六〇年 ガーデンシリーズ／10ペルゴラ・藤棚、11テラス・石積工、
12橋・泉池・壁泉、13日時計と日照、14巣箱と鳥類保護（加島書店）
一九六一年 ガーデンシリーズ／15園亭・ベンチ、16茶庭（加島書店）
樹芸学叢書／2樹木の移植と根廻（加島書店）

一九六二年　ガーデンシリーズ／17日本式庭園（加島書店）
樹芸学叢書／3樹木の植栽と配植（加島書店）
樹木ガイドブック（加島書店）
石組写真集（一）（加島書店）

一九六三年　ガーデンシリーズ／18実用庭園（加島書店）
樹芸学叢書／4樹木の剪定と整姿、5樹木の増殖と仕立（加島書店）

一九六四年　ガーデンシリーズ／19造園の施工まで（加島書店）
樹芸学叢書／6樹木の保護と管理（加島書店）
石庭のつくり方（加島書店）

一九六五年　樹木三十六話（共著）（加島書店）
石組写真集（二）（加島書店）
海外旅行裏ばなし（加島書店）
造園古書叢書／1築山庭造伝前編、2同後編（加島書店）

一九六六年　ガーデンシリーズ／20庭木の植え方と手入（加島書店）
庭つくりの第一歩（加島書店）

一九六七年　樹芸学叢書／1樹木の総論と観賞、7樹木の栽培と育成、8樹木の美性と愛護（加島書店）
石組と池泉の技法（加島書店）

一九六八年　庭木と植栽の技法（加島書店）
樹木植栽カード（加島書店）
庭園入門講座／1庭つくりの用意と構想、2庭の調査・測量・見積、3庭樹解説・植栽用途、4剪定・生垣・庭樹各論（加島書店）

一九六九年　造園古書叢書／3石組園生八重垣伝（加島書店）
庭園入門講座／5芝生・苔・庭草・草花、6庭垣・袖垣・工作物類、7岩石・庭石・石組方法、8軒内・園路・池泉石組

一九七〇年　9滝・橋・灯籠・石造物、10日本式庭園・各種庭園　（加島書店）
庭木植栽の手引　（加島書店）
造園古書叢書／4芥子園樹石画譜　（加島書店）
樹木図説／1ソテツ科、2イチョウ科　（加島書店）
一九七一年　人のつくった森　（東京農業大学造園学科）
造園辞典　（加島書店）
造園古書叢書／5芥子園風景画譜　（加島書店）
一九七一年　樹木図説／5日本産マツ属、6外国産マツ属　（加島書店）
一九七二年　造園古書叢書／6山水並野形図・作庭記、7南坊録抜萃・露地
聴書、8余景作り庭の図その他、9都林泉名勝図会、10園治　（加島書店）
一九七三年　造園大系／2庭園論　（加島書店）
一九七四年　造園大系／1造園総論、3公園論、4自然公園、5計画、
6植栽・並木、8風景・森林　（加島書店）
一九七五年　樹木図説／3イチイ科、4マキ科　（加島書店）
造園大系／9風景要素〔総索引付〕　（加島書店）
一九七六年　小庭つくり方叢書／1芝・苔・草の庭、2庭石・石組の小庭、
3築山・池泉の小庭　（加島書店）
一九七七年　小庭つくり方叢書／4数寄屋風の小庭、5平庭・枯山水・
植栽、6洋風庭と構作物　（加島店）
造園大系／7世界並木写真集とグリエ　（加島書店）
一九七八年　樹木三二題　（東京農業大学社会通信教育部）
ザッペン／1　（東京農業大学社会通信教育部）
造園大辞典　（加島書店）
一九七九年　ザッペン／2　（東京農業大学社会通信教育部）
文学碑―工法と実例　（加島書店）

談話室の造園学（技報堂出版）
造園植栽法講義（加島書店）
生垣の仕立方と手入（加島書店）

この他一九八三年上原敬二著『この目で見た造園発達史』（同刊行会刊）が出版されている。

〔旧版奥付〕

●人のつくった森＝明治神宮の森造成の記録

●著者　上原敬二　●発行者　江山正美　●昭和四十六年五月十八日
●東京農業大学造園学科

あとがき

本書は、明治神宮創建五〇年の年（一九七〇）に、企画発行された、上原敬二著「人のつくった森　―明治神宮造成の記録」（東京農業大学造園学科、一九七一）に、図版を加えて、一部文言を現代語表現にするなどして改訂したものである。原版の編集は進士五十八教授（当時助手）が行い当時の造園学科（江山正美学科長）が刊行したものである。

平成二一年（二〇〇九）は上原敬二先生の生誕一二〇周年の年にあたり、また東京農業大学造園科学科の創立八五周年の年でもある。加えて、明治神宮創建九〇年を来年に迎えることから、上原敬二先生のしごと、そして「永遠の杜」明治神宮の森がつくられた頃の造園現場の記録を広く後世に伝え、この森がつくられる過程で生まれた日本の造園学の礎を、多くの方々に知ってもらおう、という意図をもって改訂新版が企画された。

図写真は、明治神宮、菊地謙二氏（菊地徳伍氏旧蔵アルバム）からご提供いただいた、記して感謝申し上げたい。

その他の写真などは、東京農大造園アーカイブ（造園情報センター）、ならびに編者所蔵のものを使用した。

平成二一年五月

東京農業大学地域環境科学部　造園科学科

鈴木　誠

濱野周泰

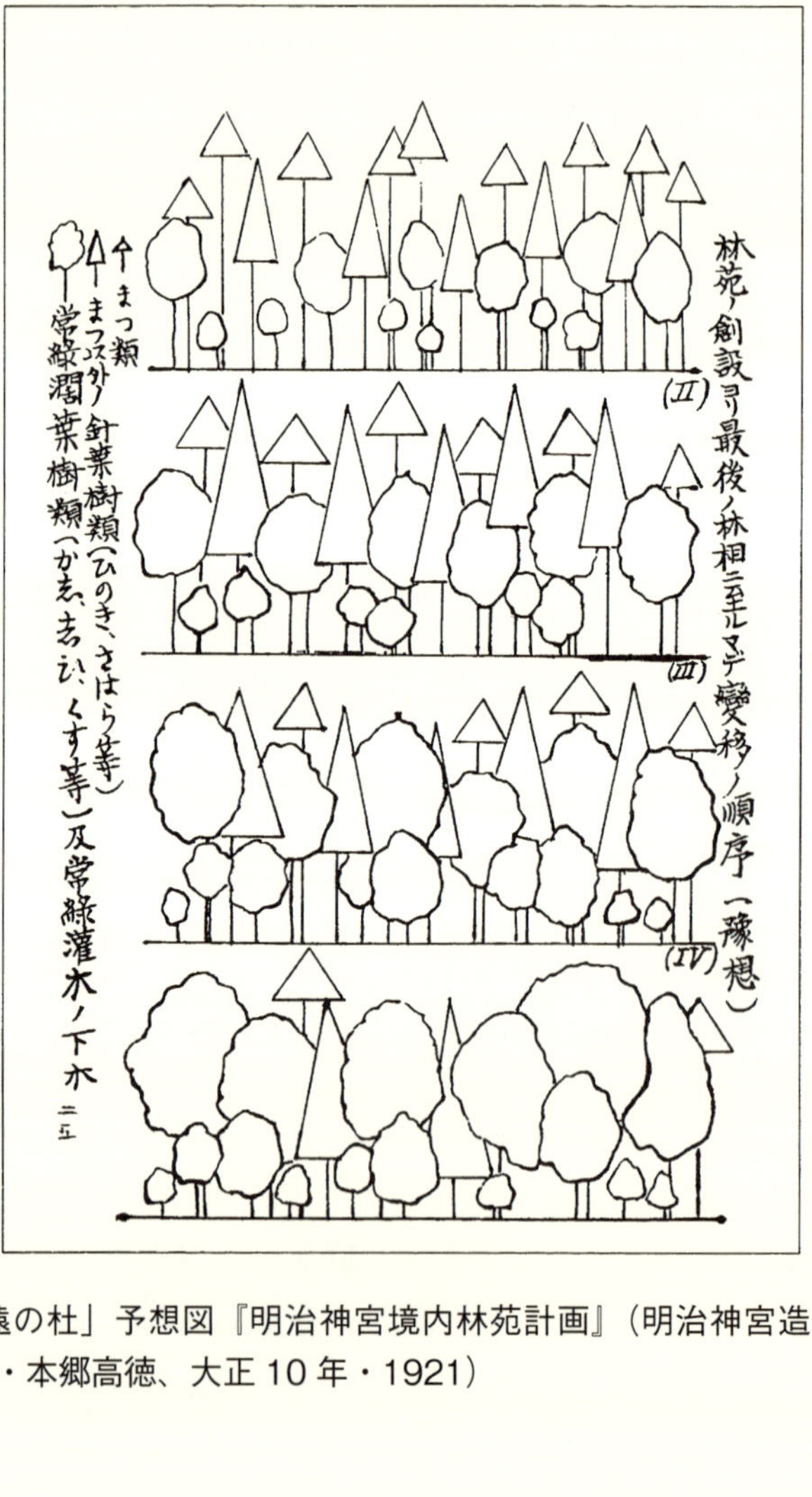

「永遠の杜」予想図『明治神宮境内林苑計画』（明治神宮造営局技師・本郷高徳、大正 10 年・1921）

〈増補改訂版〉
人のつくった森―明治神宮の森〔永遠の杜〕造成の記録

平成21年5月18日 第1版 第1刷 発行
平成26年5月18日 第2版 第1刷 発行

著者：上　原　敬　二
編集：東京農業大学地域環境科学部造園科学科
発行：一般社団法人 東京農業大学出版会
〒156-8502　東京都世田谷区桜丘1-1-1
Tel. 03-5477-2666　Fax. 03-5477-2747
http://www.nodai.ac.jp/syuppankai/
E-mail shuppan@nodai.ac.jp

印刷　株式会社タキオン
ISBN978-4-88694-212-8 C0030 ¥1000E